大学公共基础课"十三五"课改规划教材
上海理工大学精品本科教材

大学物理创新设计实验

主　编　周　群
副主编　杨　欣　陆　剑
参　编　郭露芳　林立华　崔连敏　汤　猛　马珊珊

西安电子科技大学出版社

内 容 简 介

本书分为实验基本知识、物理实验设计与应用、物理实验创新研究三个部分。内容由浅入深,充实丰富并兼顾不同专业的需要,同时又纳入了一些与生产实践或科研密切联系的当今热点实验项目。每个实验以相关的趣味知识为引导,既开阔了学生视野,又增加了趣味性。本书注重学生动手能力的培养,引入了两个 DIY 实验和计算机仿真实验,在扩充教材内容的基础上使本书更符合社会对人才培养的要求。

本书可作为理工科院校各专业本科生的物理实验教学用书。

图书在版编目(CIP)数据

大学物理创新设计实验/周群主编. —西安:西安电子科技大学出版社,2016.3
大学公共基础课"十三五"课改规划教材
ISBN 978 - 7 - 5606 - 4007 - 5

Ⅰ. ① 大… Ⅱ. ① 周… Ⅲ. ① 物理学—实验—高等学校—教材
Ⅳ. ① O4 - 33

中国版本图书馆 CIP 数据核字(2016)第 021588 号

策　　划　毛红兵
责任编辑　毛红兵　杨　璠
出版发行　西安电子科技大学出版社(西安市太白南路 2 号)
电　　话　(029)88242885　88201467　　邮　　编　710071
网　　址　www.xduph.com　　　　　　电子邮箱　xdupfxb001@163.com
经　　销　新华书店
印刷单位　陕西华沐印刷科技有限责任公司
版　　次　2016 年 3 月第 1 版　2016 年 3 月第 1 次印刷
开　　本　787 毫米×1092 毫米　1/16　印张 7
字　　数　160 千字
印　　数　1~1000 册
定　　价　13.00 元
ISBN 978 - 7 - 5606 - 4007 - 5/O

XDUP 4299001 - 1

前　言

　　创新开放实验能使学生在具有一定实验能力的基础上，把学到的知识和技能运用到解决实际问题或实际测量中去。大学物理创新实验强调开发学生自主创新的潜力，注重培养学生的实践创新精神，使学生的定性分析和定量计算逐步和工程估算及实验手段结合起来，从而逐步掌握工程设计的常规步骤方法，了解科学实验的程序和实施方法，培养工程技术意识与综合应用能力。这一类实验更能激发学生学习物理知识、研究与探索物理规律的热情和积极性，加深对物理规律的切身感受和实际体会，提高他们的动手、动脑能力，激励创新精神，为他们今后参加工程实验、进行科学实验奠定基础。

　　本书在物理实验讲义的基础上，结合编者多年的教学实践经验编写而成。编者对原讲义的内容进行了修订，增加了一些与目前生产、生活热点相关的新实验。

　　本书内容涵盖了物理学中的力学、热学、声学、电学和光学实验，包括目前比较热门的汽车燃料电池的特性实验、探究液晶显示器原理的液晶电光效应实验、利用脉冲反射法进行超声无损探伤的超声诊断与超声特性综合实验、了解人体心律和血压的测量原理的压力传感器特性实验等。这些实验或者与目前社会科技发展热点相结合，或者与人们的日常生活息息相关，在增强理论知识和专业技术联系的基础上，可以拓宽学生的知识面和视野。

　　本书的 2.1、2.2、2.3、3.1、3.2 小节由周群编写；1.4、2.8、2.9、2.18、3.8 小节由杨欣编写；1.3、2.4、2.5、2.16、2.17 小节由陆剑编写；1.1、3.5、3.6、3.7 小节由林立华编写；3.3、3.4 小节由崔连敏编写；1.2、2.6、2.7 小节由郭露芳编写；2.10、2.11、2.12 小节由汤猛编写；2.13、2.14、2.15 小节由马珊珊编写。

　　本书的出版得到了各级领导及友好人士的热情鼓励和帮助，在编写过程中还参考了许多院校出版的有关教材，在此一并表示衷心的感谢。

编　者
2015.9

目 录

第 1 章　实验基本知识

1.1　物理实验研究方法

物理学是一门重要的基础科学，是现代技术的支柱。同时物理学又是一门实验科学，许多理论和规律都是以实验的新发现为依据被提出来而又进一步被实验所证实的。因此，实验是物理学研究的重要方法，也是物理学科教学的重要手段。掌握恰当的物理实验研究方法，对提高学生的实验理解能力、创新能力和设计能力都是至关重要的。下面概括介绍几种较常用的实验方法：理想化法、平衡法、放大法、转换法、补偿法、干涉法、光谱法和模拟法。

1. 理想化法

影响物理现象的因素往往复杂多变，实验中常可采用忽略某些次要因素或假设一些理想条件的办法突出现象的本质因素，以便于深入研究，从而取得实际情况下合理的近似结果（通俗地说就是只关注主要因素，忽略次要因素）。例如在"用单摆测定重力加速度"的实验中，假设悬线不可伸长，不计悬点的摩擦和小球在摆动过程中的空气阻力；在电学实验中把电压表看做内阻是无穷大的理想电压表，电流表看做内阻为零的理想电流表，等等，都采用了理想化的方法。

2. 平衡法

平衡法是利用物理学中平衡态的概念，将处于比较的物理量之间的差异逐步减小到零的状态，判断测量系统是否达到平衡态来实现测量。在平衡法中，并不研究被测物理量本身，而是将其与一个已知物理量或相对参考量进行比较，当两物理量差值为零时，用已知参考量或相对参考量描述待测物理量。例如，用物理天平称物体质量、惠更斯电桥测电阻都是运用平衡法进行测量的。

3. 放大法

放大法是将被测量进行放大，以提高测量的分辨率和灵敏度的方法。在测量中有时由于被测量很小，甚至无法被实验者或仪器直接感觉和反应，如果直接用给定的某种仪器进行测量就会造成很大的误差。此时可以借助一些方法将待测量放大后再进行测量。常用的放大法有机械放大法、光学放大法、电学放大法和累积放大法等。

（1）机械放大法：通过机械原理和装置放大被测量。测量长度所用的游标卡尺和螺旋测微器就分别利用游标原理和螺旋放大原理使读数更为精确。

（2）光学放大法：常用的光学放大法有两种。一种是视角放大，它使被测物通过光学仪器形成放大的像，便于观察，例如放大镜、显微镜和望远镜等。另一种是测量放大后的物理量，如光杠杆、复式光电检流计。

（3）电学放大法：物理实验中最常用的技术之一，包括电压放大、电流放大、功率放大等。由于电信号放大技术成熟且易于实现，所以也常将其他非电量转换为电量放大后再进行测量。例如利用光电效应法测量普朗克常数的实验就是将微弱的光信号先转换为电信号再放大后进行测量，声速测量实验中的压电换能器是将声波的压力信号先转换为电信号，再放大后进行测量。

（4）累积放大法：对某些物理量进行单次测量可能会产生较大的误差，如测量单摆的周期、等厚干涉相邻明条纹的间隔、纸张的厚度等，此时可将这些物理量累积放大若干倍后再进行测量，以减小测量误差、提高测量精度。

4. 转换法

许多物理量之间存在着各种各样的效应和定量的函数关系，转换法就是以此为依据，将某些因条件所限无法直接用仪器测量的物理量转换成可以测量的物理量来进行测量，或者为了提高待测物理量的测量精度，将待测量转换成为另一种形式的物理量的测量方法。常用的转换方法如下：

（1）光电转换：利用光敏元件将光信号转换成电信号进行测量。

（2）磁电转换：利用磁敏元件或磁感应组件将磁学参量转换成电压、电流或电阻。典型的磁敏元件有霍尔元件、磁记录元件，如读写磁头、磁带和磁盘等。

（3）热电转换：利用热敏元件将温度的测量转换成电压或电阻的测量。常用的热敏元件有半导体热敏元件、热电偶等。

（4）压电转换：利用压敏元件或压敏材料的压电效应将压力转换成电信号，与激励压敏材料产生共振，从而进行测量的方法。常用的压敏材料有压电陶瓷、石英晶体等。

5. 补偿法

补偿法是通过调整一个或几个与被测物理量有已知平衡关系的同类标准量，来补偿被测物理量，使系统处于补偿状态，从而得到待测量与标准量之间的确定关系，测得被测量的方法。补偿法通常与平衡法、比较法结合使用。例如，用电势差计测电动势就运用了补偿法，而迈克尔逊干涉实验中有一个补偿板，起到补偿光程的作用。

6. 干涉法

干涉法是通过对相干波产生干涉时形成稳定的干涉图样的分析，进行有关物理量测量的方法。干涉法使瞬息变化、难以测量的动态研究对象变成稳定的静态对象，因而简化了研究方法，提高了测量精度。无论是声波、水波和光波，只要满足相干条件，相邻干涉条纹的波程差均等于相干波的波长。因此，通过计量干涉条纹的数目或条纹的改变量，可以对一些相关物理量进行测量，如物体的长度、位移与角度，薄膜的厚度，透镜的曲率半径，气体或液体的折射率等。牛顿环实验及迈克尔逊干涉实验中都用到了干涉法。

7. 光谱法

光谱法是基于多数光源发出的光都不是单色光，通过分光元件和仪器，将复色光进行分解，将不同波长的光按一定规律分开排列形成光谱，然后对光谱进行有关物理量测量的方法。光谱法通常用来测定谱线波长。

8. 模拟法

模拟法是一种间接测量方法，对一些特殊的研究对象人为地制造一个类似的模型来进行实验。模拟法能方便地使自然现象重现，可将抽象的理论具体化，可进行单因素或多因素的交叉实验，可加速或减缓物理过程。利用模拟法可以节省时间和物力，提高实验效率。

模拟法可分为物理模拟和数学模拟两种方法。物理模拟是在模拟的过程中保持物理本质不变的方法。数学模拟则采用内在的物理规律类比两种物理现象，例如用恒定电流来模拟静电场、用计算机仿真实验模拟半导体热敏电阻中电阻与温度的关系等。

此外，物理实验的研究方法还有：比较法、控制变量法、留迹法、等效替代法、比值定义法、归纳法和图像法等。

1.2　创新思维与创新方法

1.2.1　创新思维

创新思维是指人们通过应用已经掌握的知识、经验和方法，以及对客观事物的观察、类比、联系、分析和综合，探索新的现象和规律，从而产生新思想、新理论、新方法和新成果的一种思维形式。在创新思维的过程中，往往还需要综合运用各种思维形态或思维方法。在大学物理创新实验中，传统思维方法往往会阻碍创造性地解决问题，对于创新是非常不利的。要进行创新思维，必须要突破思维障碍，转换思维视角。

在大学物理创新实验中，创新思维主要包括以下五个思维能力：

1. 发散思维

发散思维，又称为辐射思维、扩散思维或求异思维，是指面对问题沿着多方面思考而产生出多种设想或答案的思维方式。例如，测定电子的荷质比时可以采用偏转法，根据电子在高速运动中因电场和磁场发生偏转进行测定，也可以用光源分析法测定。在解决问题时，不能只想出一个办法就停止思考，这样就放弃了创新的机会，一定要找到更好、新颖、高效的解决方案。

2. 逆向思维

逆向思维，是指从相反方向思考问题的方法，也叫做反向思维。比如，电动机利用了电磁感应原理（电生磁），反过来，利用旋转的闭合线圈不断切割磁场而产生磁电感应电流（磁生电），从而产生了发电机这种将动能转换为电能的能源设备。

3. 联想思维

联想思维，是由此想到彼，并同时发现共同或类似规律的思维方式。例如：贝尔在实验研究中，就是由音叉联想到金属簧片，继而发明了电话。

4. 横向思维

纵向思维是一种常规的直上直下的思考方式，这种逻辑思维解决问题严密但过于狭隘。横向思维是指接受和利用其他事物的功能、特征和性质的启发而产生新思想的思维方式，是一种提高创造力的系统性的手段。

5. 批判性思维

批判性思维，意味着利用恰当的评估标准确定某物的真实价值，以明确形成有充分根据的判断。物理实验是对真理的检验，一定要以事实为依据，不盲从权威，敢于标新立异，勇于提出自己的观点与看法。

1.2.2 创新方法

创新方法，是指根据创造性思维发展规律和大量成功的创造与创新的实例总结出来的一些原理、技巧和方法。大学物理创新实验中主要的创新设计方法有以下几种：

1. 项目原理设计法

项目原理设计法，是指在理解实验项目和实验原理的基础上，分析实验的设计思想、原理使用的条件等特点，提出新颖的、与实践相结合的设计方案。例如，在物理学史上，托马斯·杨为了在人为条件下产生光的干涉，首先深入了解光的相干条件，对光的传播和干涉有了清晰、生动的物理模型和物理概念之后，才设计出具有创造意义的实验。

要成功地进行项目原理创新设计，必须具备三种能力：一是综合应用能力，善于应用实验原理中涉及的理论知识和实验的设计思想，通过巧妙整合，形成新的设计；二是融会贯通能力，将实验原理与自身的物理基础相结合，找到合适的仪器、适合的条件；三是分析与研究能力，把大量的实验方法、实验过程和实验数据进行综合、分析，并加以整理，形成科学的思想和方法。

2. 实验方案改进法

当原有方案有缺点或满足不了测量要求时，需要在原有的设计方案基础上，对实验仪器的结构、性能等方面进行改进，以适应实验要求，提高实验测量精度。改进实验方案法是在原有设计方案的基础上进行改进和创新，需充分突出创新点和优势。

方案改进法主要包括三类：一是仪器设备结构的改进，即在基本仪器的基础上，加入辅助设备，或在基本型仪器的基础上，对其作用原理、结构等进行设计，使其功能性更强。例如，为满足测量低值电阻的要求，将四端电阻器和伏安法相结合制成双臂电阻器，实现对低值电阻测量的同时提高测量精度；二是实验方法的改进，包括实验条件、实验环境以及实验材料的选择等；三是对数据采集、数据处理方法的改进，在数据采集以及处理过程中往往会加入人为因素，导致误差增大，通过改进数据采集以及处理的方法，可提高实验的准确性。

3. 联想设计法

联想设计法是由一个实验项目联想到类似的实验项目，或由一个实验的实验原理、实验方法等，联想到另一个或多个实验的实验原理、实验方法，将多个类似实验进行类比总结，进行新的设想，设计出新的实验方案。

联想设计法有两个特点：一是相似性，几个类比的实验项目有相似性，测量同一个参数，或者用同一个仪器，通过对比类比实验，找到实验方案的突破口，相互结合之后给出最佳方案；二是整合性，将类比实验中对测量项目有用的关键技术融会贯通，并进行整合，这就需要将类比实验中的优势和劣势进行分析对比，找出针对测量项目的有效方法。

4. 组合设计法

组合设计法是将现有的技术、方法和仪器等按照一定的科学方法有效地组合在一起，用于测量新的物理量。在实验中，对每台仪器以及每项技术进行深入了解和整合，利用各种测试技术及方法的特点，通过科学的方法整合出互补的新型方案。

组合设计法可从以下三方面入手：一是创新实验方案，将不同的实验方法组合在一起，产生新的实验方案，或更新实验测量内容，提高实验测量精度；二是研制开发新仪器，将几种不同实验原理的仪器相互组合，开发出一种新的仪器，例如，将小量程的微安表并联或串联适当阻值的电阻后改装成不同量程的电流表和电压表；三是开发数据采集系统，将 CCD、光电转换、信号处理、传感器等技术相结合，把实验中的不同信号通过计算机显示，提高实验的效率并增强实验现象的直观性，如利用激光光电传感器结合单片机计时，可减小落球法测量液体黏滞系数时人工秒表计时的误差，提高测量的准确度。

1.3　计算机处理物理实验数据的方法

数据处理是物理实验中重要的组成部分，常规的数据处理方法有列表法、作图法、最小二乘法和逐差法等。其中最小二乘法限于直线的拟合，其数据的计算繁琐，使用计算机替代人工计算可以大大降低运算量，同时避免计算的错误，节省时间，提高效率。数据处理时常用的计算机处理工具有 Excel、Origin、Matlab、VB、VC＋＋和 C 语言等。其中 Matlab、VB、VC＋＋和 C 语言需要编程的基础，而 Excel 和 Origin 不需要。本节主要介绍 Excel 和 Origin 软件在数据处理中常见的应用。

1.3.1　Excel 软件数据处理的应用简介

Excel 是日常生活中经常使用的电子表格之一。本节主要介绍如何利用它计算测量结果的标准差、合成不确定度，计算线性最小二乘法校准的不确定度等。

Excel 的工作窗口如图 1-1 所示，它的基本工作界面由标题栏、菜单栏、工具栏、滚动条、数据编辑栏、工作表选项卡和状态栏组成。菜单栏的下拉菜单包含一组相关操作或命令。工具栏由一些工具按钮组成。数据编辑栏用来输入或编辑单元格的值或公式，也可以显示活动单元格中使用的常数或公式。f_x 是插入函数，单击 f_x 后可弹出"插入函数"对话框，根据需要建立函数。

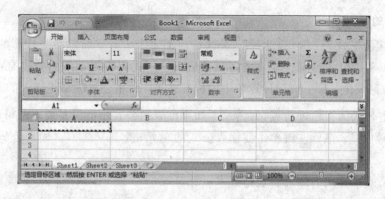

图 1-1　Excel 工作窗口

Excel 软件的基本操作如下：

1. 选定单元格

选定一个单元格，只要将光标指向该单元格，单击鼠标左键即可。选定整行或整列单元格只要用鼠标左键单击行号或者列号即可。选定某个矩形区域，只要将鼠标指向区域的第一个单元格，按住鼠标左键，然后沿着对角线从第一格拖动光标到最后一格，松开鼠标即可。选定不相邻的区域，需先按住 Ctrl 键，然后单击鼠标左键选中需要的单元格或区域。

2. 数据的输入

工作表可以储存多种形式的数据，在数据处理中，可以在工作表中输入两类数据：常量和公式。常量可以直接在单元格中输入，可以是数字或文字。输入数字时 Excel 默认的是通用数字格式，一般采用整数、小数格式。数字可以包括数字字符($0\sim9$)和特殊字符中的任意字符：＋、－、％、,、.、E、e，例如：$-7.5\mathrm{E}-05$。

在实际计算中经常需要设置单元格格式，下面以科学计数格式的设置为例，介绍单元格格式的设置方法：选中要设置的单元格或单元格区域，选择"格式"下拉菜单中的"设置单元格格式"命令，选定"数字"选项卡，单击"分类"列表中的"科学计数"，如图1-2所示，并根据需要调整"小数位数"，单击"确定"退出。

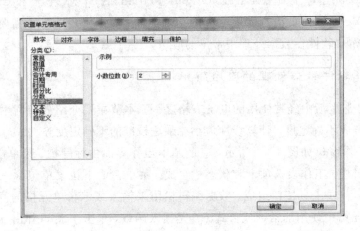

图 1-2　设置单元格格式

3. 公式的输入

输入公式的形式为："＝表达式"。公式最前面是"＝"，后面是参与计算的元素和运算符。公式可以利用公式编辑栏输入或者直接输入。公式编辑栏常用的公式有：求和、取平均值、计数、最大值、最小值和计算数据的标准差等。利用公式编辑栏输入的方法：单击单元格，再单击公式编辑栏进行编辑（Σ▾）。如果已有的公式不能满足要求还可以直接输入。直接输入的顺序是：鼠标左键单击要输入公式的单元格，输入"＝"，输入公式内容后按回车键(Enter)。

注意：公式中常用的运算符包括算术运算符(加＋、减－、乘＊、除／、指数符^)和区域运算符(冒号：它表示对冒号两边单元格之间的所有单元格进行引用)。例如：测量钢球直径的误差分析，如图1-3所示。

求算术平均值的方法：单击 G3 单元格，点击公式编辑栏（Σ▾）下拉菜单中的"平均值(A)"即可，或者直接在 G3 单元格中输入"＝AVERAGE(B3:F3)"。求测量值的标准偏差

图1-3 测量钢球直径的误差分析

类似：选中单元格，选择公式编辑栏下拉菜单中的"其他函数"，在"或选择类别"的下拉菜单中选择"统计"，在"选择函数"选项卡中选择"STDEV"，点击"确定"，在弹出的"函数参数"对话框中填入"B3:F3"后点击"确定"即可。

1.3.2 Origin 软件数据处理的应用简介

Origin 软件可以完成物理实验中常用的数据处理、误差计算、绘图和曲线拟合等工作，并且具有强大的绘图功能。Origin 像 Excel 一样，不需要编程知识就可使用。它的功能主要具有两大类：数据制图和数据分析。Origin 的数据制图主要是利用模板来完成的，软件提供了 50 多种 2D 和 3D 图形模板。用户可以使用这些模板制图，也可以根据需要自己设置模板。Origin 的数据分析包括排序、计算、统计、平滑、拟合、频谱分析等强大的分析工具。这些工具可以通过单击工具条或者选择菜单命令来实现。软件将所有的工作内容都保存在 Project(＊.opj)文件中。该文件可包含多个子窗口，各子窗口相互关联，可以实现数据的即时更新。

例如：利用游标卡尺测钢球直径的误差计算，见表 1-1。

表 1-1 游标卡尺测钢球直径

次数	1	2	3	4	5
d/mm	12.82	12.86	12.84	12.88	12.90

打开 Origin 或在 Origin 窗口下新建一个工程（Project）时，软件会自动打开空的数据表，供输入数据。默认的数据表有两列：A(X)和 B(Y)。将某次测量的数据输入到数据表的 A 列。鼠标单击 A(X)选中该列，然后单击"Statistics"菜单，在下拉菜单中依次选择菜单命令"Descriptive Statistics"→"Statistics on Columns"，即可对该列数据进行统计分析。"Descriptive Statistics"菜单下会创建一个新的工作窗口，给出直径平均值 d（软件记作"Mean"）、单次测量值的实验标准差 $S(x)$（软件记作"Standard Deviation"）、平均值的实验标准差 $S(\bar{x})$（软件记作"se"）的统计计算结果，如图 1-4 所示。

绘图时只要将坐标轴的数据输入到 A(x)和 B(Y)两列，选中 B 列，在"Plot"下拉菜单中选择"Line"或"Symbol"→"Scatter"或"Line＋Symbol"即可绘出图形。

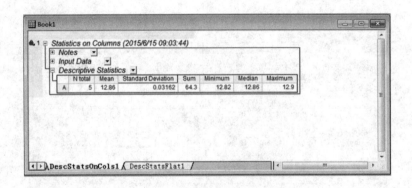

图 1-4 统计计算结果

1.4 创新实验报告的撰写规范

大学物理创新性实验是一种类似科学物理实验的高层次训练,与基础物理实验相比,对学生的创新能力、动手能力及总结能力要求更高。实验报告是从理论、方法和实践三个方面对实验工作的总结,是实验课程学习的重要环节。创新实验报告的撰写和总结对学生将来从事科学研究工作及工程开发等有很大的帮助。创新实验报告的撰写不同于基础实验,具有更明确的规范性,具体规范如下:

一、实验题目

根据实验室现有条件及参考书所提供的创新实验题目进行选择,也可自行提出感兴趣的实验题目,搭建实验平台。

二、实验背景介绍

通过相关参考书及网络知识对课题进行相应的背景研究,明确该实验的来源、目前实验的进展情况及取得的实验结果、研究意义及创新点、实验前的相关准备工作等。如在"光偏振现象的研究"实验中,要了解光偏振现象的发现过程、原理及1/4波片与1/2波片的作用及应用;在"高级光学干涉组合实验"中,要了解迈克尔逊干涉仪与马赫-曾德尔干涉仪的相关结构及钠灯的波长以及钠黄光双线的波长差。

三、实验目的

实验目的要明确,不同的实验有不同的训练目的,目前所开设的创新性实验以验证性实验为主。

四、实验仪器

选择实验所需的仪器及材料,并对特殊的装置给予图示。实验者要了解相关仪器的注意事项、使用方法及调试过程,方可进行实验。

五、实验原理

在充分理解实验理论依据的基础上,以自己的语言简明扼要地解释实验的理论依据。在写实验原理时应注意以下三点:

(1)写清楚必要的文字叙述。为了使学生更深刻地理解实验原理,参考书通常比较详细,实验原理要进行一定的缩减,能概括出必要的原理内容即可,切勿照书全搬。

(2)写出相关的公式来源,必要时可简单地写出推导过程。如在"用纵向磁聚焦法测定电子荷质比"的实验中，对于速度和轨道均不相同的电子，影响周期的主要原因在于磁感应强度，故可利用这个原理得到磁聚焦及相应的荷质比公式，因此这里要简略写清推导公式。

（3）画出为阐述原理而必要的原理图或实验装置示意图。如"透镜的焦距测量"实验中就要画出相应光路图。

六、实验步骤及内容

实验步骤是实验的重点，逻辑的清楚程度决定实验能否顺利进行，故实验步骤应阐明实验中所选用的研究方法及相关的实验具体操作，给出实验中所选取的相应参数，使读者通过具体的步骤可以进行重复实验。

七、数据记录及处理

数据记录及处理是检验学生实验情况的重要标准，这里不仅包括所测量得到的数据结果，还要进行必要的分析和处理，从而进行误差分析。原始数据记录时要注明所用测量仪器的型号、量程和准确度等级等。记录必须使用规范化的专业术语和国际标准计量单位。常用的英文缩写必须符合规范，首次出现的缩写必须用中文加以注释。数据处理及误差分析主要包括：

（1）采用相应的处理方法，对测得的数据加工并得到相应的实验值。常用的处理方法包括列表法、作图法及最小二乘法。比如"不良导体导热系数的测定"实验中，在求冷却速率时，一般采用作图法进行，但是若选取的温度值较低，则斜率将无法通过作图法来获得，此时可以结合计算机相关软件或者最小二乘法来完成。

（2）对处理后的数据进行初判。若实验为验证性实验可将测量物理量与标准值（理论值或者公认值）对比，对有较大差异的测量值进行分析或者重新测量。

（3）对实验结果进行相应的误差分析，求出相关的百分比误差或者不确定度。首先从理论角度分析误差产生的原因，比如在"声速的测量"实验中，温度对测量结果会有很大的影响，实验过程中如果室温发生变化就会引起相应的误差；其次从实验者实验操作的过程中分析可能产生误差或出现结果偏差的原因，比如在"用三线摆测定物体的转动惯量"实验中，如果圆环未置于悬盘中心处，将导致转轴位置发生变化，引起测量误差。

（4）选择两个具有深刻体会的课后思考题进行回答。通过独立思考实验中所遇到的问题，对提出的问题展开回答，应做到逻辑清楚，有理有据。

八、实验结果及讨论

给出实验结果的最终表达式，并针对本实验所验证的概念、原则或理论进行简明的总结，总结应是从实验结果中归纳出的一般性、概括性的判断。同时，对实验方法的可靠性和局限性进行分析，并可针对实验结果提出可供深入研究的问题及未来实验的改进方法。

第 2 章　物理实验设计与应用

物理实验设计与应用的各项实验与传统的测量性验证不同，它没有详细的实验步骤，只有与实验相关的趣味知识、背景及方法介绍、一系列的问题及实验要求。学生要在查找和阅读参考材料的基础上回答这些问题，才能明确实验原理并设计实验来完成实验要求。通过这样的实验训练，学生能深入理解物理原理，提高学习能力、实践应用能力和研究创新能力。

物理实验设计与应用包含 22 个实验项目，特别注重物理实验知识与技术的应用，激发学生的学习兴趣，培养学生将知识与技能转化为解决实际问题的能力。

2.1　蚂蚁、壁虎等生物的吸附力研究

【趣味知识】

蚂蚁和苍蝇可以在墙壁上随处停留，壁虎可以"飞檐走壁"。动物脚上的黏性吸盘几百年来吸引了无数生物学家的兴趣，并以此开展了广泛的研究。实验表明，一些昆虫在光滑表面能抵抗超过它们自身重量 100 倍的分离力，并且还能在这些表面上自由行走。这些能够自由爬行的动物的吸附机构显示了惊人的多样性结构和卓越的性能，这给特种机器人的组装、设计以及仿生机械应用带来了启示，给摩擦机械等学科带来了新的研究内容。美国的 Sitti M 提出了为将来爬壁机器人制作人造壁虎足部刚毛的技术，并模拟了这种人造毛的设计问题。

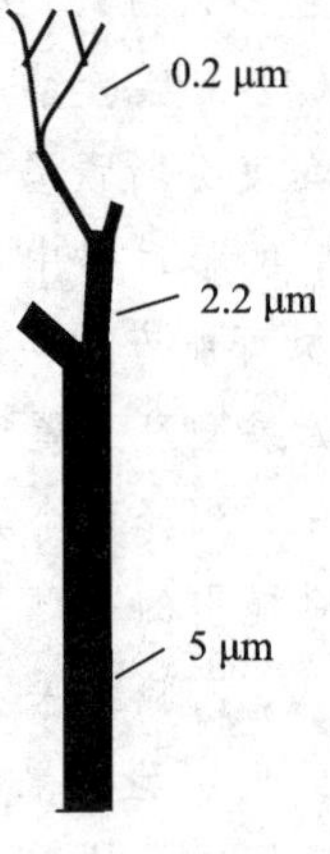

对动物在光滑表面上行走机制的研究很早就吸引了众多科学家的注意。最先报道描述黏着结构并给出了关于吸附的可能机制的文献大概源于 19 世纪。他们假设这种机制作用可能为吸管产生的力或是静电作用力。

利用电子显微镜，人们发现动物有两种类型的黏附垫对光滑表面产生吸附作用。第一种是利用刚毛结构，这种昆虫或动物有壁

图 2-1　一种刚毛结构

虎、苍蝇和蜜蜂。刚毛是一种长而细的毛发，其长度在几十到几百微米之间，直径为几微米，有的是独立的一支，有的是呈树状的分支，如图 2-1 所示。另一种黏附垫结构是光滑可变形的表皮垫子，叫做蹼或肢垫，呈半圆形。蚂蚁、蟑螂、蚱蜢和臭虫就具有这样的软的可变形的结构。

生物吸附机制的研究已有很长一段历史了。通过该项研究不仅可以帮助我们更清晰地洞察生物系统，而且能够探索出自然界的普遍原理，用于指导制作仿生黏合剂。不同动物的吸附机制已经成为近几年研究的重要领域，研究者提出了多种吸附机制，如钩子、微型

吸盘、静电力等。研究者基于大量的实验和观察同时也否决了一些机制。还有人断定范德华力(干吸)和毛细力相互作用(湿吸)是两种主要的生物学吸附机制。

许多动物的吸附系统是"湿"的,这种状态由分泌到接触区域的液体来保持。本实验试图理解昆虫足垫的湿吸机制,在自行搭建的微小力测试平台上测量了蚂蚁的吸附力。

【实验目的】

(1) 了解吸附力的几种构成。

(2) 测试并计算蚂蚁的吸附力。

【实验原理】

液体作用能产生的力包括表面张力、毛细作用力和液体黏性力。

1. 表面张力

先估计表面张力在多大程度上会对水平力产生影响。假定在足垫和地面之间有一薄层黏性分泌液。为简化,模拟接触面积为正方形(边长为 $2R$),由表面张力引起的一个足垫的水平方向的力为

$$F = 4Rf(\cos\alpha_1 - \cos\alpha_2) \tag{2-1}$$

式中:f 为表面张力;α_1 和 α_2 为分泌液与接触面前面和后面的接触角。

2. 毛细作用力

通过毛细作用力,两表面间的一滴液体能使两表面吸在一起。两表面间的越过空气—液体分界面的流体静力学压力降(P)是与接触面积无关的,则

$$P = \frac{\gamma}{\delta}(\cos\theta_1 + \cos\theta_2) \tag{2-2}$$

式中:γ 为表面张力;δ 为爪垫和地面间的距离;θ_1 和 θ_2 分别为分泌液与足垫和地面的接触角。吸附力则为

$$F = PA \tag{2-3}$$

式中:A 为接触面积。这个力将拉动两表面靠近,直到液体半月板达到吸附器官的边缘。蚂蚁自身能分泌黏液作为媒介,这个方法对蚂蚁来说就是十分重要的。

3. 液体黏性力

液体黏性力可以表达为

$$F = \frac{\mu A v}{h} \tag{2-4}$$

式中:μ 为液体黏性;v 为滑行速度;h 为液体膜厚度。当黏液薄膜厚度被挤压到只有几纳米厚时,会呈现类固状态,黏性急剧增加且成发散趋势,这样就产生了很大的黏性力,可作为吸附力。

【实验内容】

1. 吸附力测试

为了对活体微小动物(如蚂蚁)和仿生材料进行黏着力的测试,需要利用一个基于高速

图像反馈的黏着力测试平台，如图 2-2 所示。整个实验平台由伺服电机驱动，电机转速由工控机控制，蚂蚁被放在测试平台上进行测试，斜面倾角 θ 分别调为 0°和 90°，0°时测试水平吸附力；90°时测试垂直吸附力。平台上的高速摄像机（100 帧·S^{-1}）可以记录整个试验过程中的实时信息。当电机转动时，蚂蚁若要有效地吸附在玻璃上而不与之脱离，需要由吸附力提供向心力；当离心分离机的转速增加到一定值时，蚂蚁就无法提供如此大的向心力而沿着运动的切线方向飞离，从而与接触面脱离；边缘检测算法即可从高速摄像机捕获到的分离状态图像中提取出计算机可识别的分离信息，并反馈给工控机；工控机根据相关信息确定分离时刻的系统状态，如电机转速、斜面倾斜度、蚂蚁所处的半径等，计算出蚂蚁在此条件下的最大吸附力和持续时间。

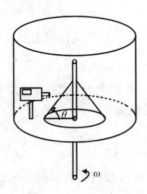

图 2-2　测试平台示意图

平台为光滑玻璃，在实验前需用酒精清洗，并自然风干作为亲水性表面（用显微镜观察到水在玻璃表面的平衡接触角约为 10°）。对 20 只蚂蚁分别在玻璃上进行吸附力测试，测试完后在玻璃表面涂上一薄层蜡作为疏水性表面（水在蜡表面的平衡接触角接近 90°）。每次测试电机转速从 0 缓慢地以 10 转/分的速度逐渐增加，随着速度的增加，观察到蚂蚁调整为头朝着转盘中心的姿势，离心力纵向作用于蚂蚁躯体，最后蚂蚁飞离出去。由如下公式计算离心力的大小。

$$F = m\omega^2 r \qquad\qquad (2-5)$$

式中：F 为吸附力；m 为蚂蚁的质量；ω 为蚂蚁分离时的平台转速；r 为蚂蚁分离时所处的半径，r 在本实验中为 20 cm。取蚂蚁的平均质量 5 mg，可计算出离心力的大小。

2. ANSYS 分析

用有限元软件对蚂蚁滑行时分泌液内部的压力和速度变化进行分析。有限元模型采用液体桥模型。这种液体桥模型常被用在液体湿吸力分析的研究中。分析结果参考图 2-3。

图 2-3　水平滑动时分泌液内部的压力及速度分布

2.2 燃料电池特性的测量与分析

燃料电池(Fuel Cell)是一种将存在于燃料与氧化剂中的化学能直接转化为电能的发电装置。燃料和空气分别送进燃料电池,电就被奇妙地生产出来。燃料电池从外表上看有正负极和电解质等,像一个蓄电池,但实质上它不能"储电",而是一个"发电厂",它需要电极和电解质以及氧化还原反应才能发电。

2014 年 2 月 19 日,据物理学家组织网报道,美国科学家开发出一种直接以生物质为原料的低温燃料电池。这种燃料电池只需借助太阳能或废热就能将稻草、锯末、藻类甚至有机肥料转化为电能,能量密度比基于纤维素的微生物燃料电池高出近 100 倍。

美国马里兰大学的研究人员于 2011 年就宣布他们研制出了一种效率远高于汽油发动机的燃料电池,与其他燃料电池相似,这种燃料电池通过化学反应来产生电能,因此它的发电效率是燃烧式发电机的 2 倍,用巴掌大的燃料电池就可驱动汽车。

燃料电池是一种正在逐步完善的能源利用方式,其投资正在不断地降低,目前PEMFC(质子交换膜燃料电池)的中国国外商业价格为 $1500/kW,PAFC(磷酸燃料电池)的价格为 $3000/kW。中国国内富源公司公布其 PEMFC 接受订货的价格为 10 000 元/kW,其他燃料电池国内暂无商业产品。

【实验目的】

(1) 了解燃料电池的工作原理。

(2) 观察仪器的能量转换过程:光能—太阳能电池—电能—电解池—氢能(能量存储)—燃料电池—电能。

(3) 测量燃料电池的输出特性,绘制燃料电池的伏安特性曲线、电池输出功率随输出电压的变化曲线,计算燃料电池的最大输出功率和效率。

【实验原理】

1. 燃料电池

质子交换膜(PEM,Proton Exchange Membrane)燃料电池在常温下工作,具有启动快速、结构紧凑的优点,最适宜作为汽车或其他可移动设备的电源,燃料电池近年来发展很快,其基本结构如图 2-4 所示。

目前广泛采用的全氟磺酸质子交换膜为固体聚合物薄膜,厚度为 0.05~0.1 mm,它提供氢离子(质子)从阳极到达阴极的通道,而电子或气体不能通过。

催化层是将纳米量级的铂粒子用化学或物理的方法附着在质子交换膜表面,厚度约 0.03 mm,对阳极氢的氧化和阴极氧的还原起催化作用。膜两边的阳极和阴极由石墨化的碳纸或碳布制成,厚度为 0.2~0.5 mm,导电性能良好,其上的微孔提供气体进入催化层的通道,又称为扩散层。

商品燃料电池为了提供足够的输出电压和功率,需将若干个单体电池串联或并联在一

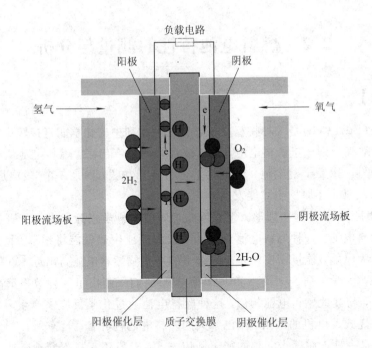

图 2-4 质子交换膜燃料电池示意图

起，流场板一般由导电良好的石墨或金属做成，与单体电池的阳极和阴极形成良好的电接触，称为双极板，其上加工有供气体流通的通道。教学用燃料电池为了直观起见，采用有机玻璃作为流场板。

进入阳极的氢气通过电极上的扩散层到达质子交换膜。氢分子在阳极催化剂的作用下解离为 2 个氢离子，即质子，并释放出 2 个电子，阳极反应为

$$H_2 = 2H^+ + 2e \tag{2-6}$$

氢离子以水合质子 $H^+(nH_2O)$ 的形式，在质子交换膜中从一个磺酸基转移到另一个磺酸基，最后到达阴极，实现质子导电，质子的这种转移导致阳极带负电。

在电池的另一端，氧气或空气通过阴极扩散层到达阴极催化层，在阴极催化层的作用下，氧气与氢离子和电子反应生成水，阴极反应为

$$O_2 + 4H^+ + 4e = 2H_2O \tag{2-7}$$

阴极反应使阴极缺少电子而带正电，在阴阳极间产生电压，在阴阳极间接通外电路，就可以向负载输出电能。总的化学反应如下

$$2H_2 + O_2 = 2H_2O \tag{2-8}$$

（阴极与阳极：在电化学中，失去电子的反应叫氧化，得到电子的反应叫还原。产生氧化反应的电极是阳极，产生还原反应的电极是阴极。对电池而言，阴极是电的正极，阳极是电的负极。）

2. 水的电解

将水电解产生氢气和氧气，与燃料电池中氢气和氧气反应生成水互为逆过程。

水电解装置同样因电解质的不同而各异，碱性溶液和质子交换膜是最好的电解质。若以质子交换膜为电解质，可在图 2-5 中右边电极接电源正极形成电解的阳极，在其上产生氧化反应：$2H_2O = O_2 + 4H^+ + 4e$。左边电极接电源负极形成电解的阴极，阳极产生的氢

离子通过质子交换膜到达阴极后，产生还原反应：$2H^+ + 2e = H_2$。即在右边电极析出氧，左边电极析出氢。

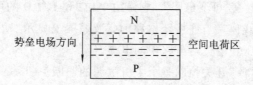

图 2-5　半导体 PN 结示意图

势垒电场方向　空间电荷区

N

P

燃料电池或电解器的电极在制造上通常有些差别，燃料电池的电极应利于气体吸纳，而电解器需要尽快排出气体。燃料电池阴极产生的水应随时排出，以免阻塞气体通道，而电解器的阳极必须被水淹没。

3. 太阳能电池

太阳能电池利用半导体 PN 结受光照射时的光伏效应发电，其基本结构就是一个大面积的平面 PN 结，如图 2-5 所示，P 型半导体中有相当数量的空穴，几乎没有自由电子。N 型半导体中有相当数量的自由电子，几乎没有空穴。当两种半导体结合在一起形成 PN 结时，N 区的电子（带负电）向 P 区扩散，P 区的空穴（带正电）向 N 区扩散，在 PN 结附近形成空间电荷区与势垒电场。势垒电场会使载流子向扩散的反方向做漂移运动，最终扩散与漂移达到平衡，使流过 PN 结的净电流为零。在空间电荷区内，P 区的空穴被来自 N 区的电子复合，N 区的电子被来自 P 区的空穴复合，使该区内几乎没有能导电的载流子，又称为结区或耗尽区。当光电池受光照射时，部分电子被激发而产生电子-空穴对，在结区激发的电子和空穴分别被势垒电场推向 N 区和 P 区，使 N 区有过量的电子而带负电，P 区有过量的空穴而带正电，使 PN 结两端形成电压，这就是光伏效应，若将 PN 结两端接入外电路，就可向负载输出电能。

【实验仪器】

实验仪器主要由实验主机以及实验装置组成，另外配有水容器、注射器和秒表等配件，如图 2-6 所示。

图 2-6　燃料电池特性综合实验装置

下面简要介绍仪器的使用说明。

1. 主机操作说明

液晶屏显示电流源的输出电压和输出电流，可以通过主机前面板中"电流源""增大"和

"减小"按键调节输出电流的大小(连续可调,范围为 0～300 mA),"电流源"方框下部有红、黑两个小手枪插座可以连接至电解池(注意:电源正负不要接反)。

另外,主机前面板上有"可变电阻",它是由 1 kΩ 和 100 Ω 的可变电位器串接而成的,下方有红、黑小手枪接线座,当连接至电路时,液晶屏上显示"输入电压"和"输入电流",分别表示电位器两端电压和电位器电路中的电流。

主机前面板上的"电源"开关控制整个主机电源的通断。

主机后面板上的"光源电源"航空插座可通过航空连接线与实验装置上的射灯相连,"光源开关"控制射灯的通断(注意:在主机"电源"开关打开的前提下)。

2. 实验装置操作说明

质子交换膜必须含有足够的水分才能保证质子的传导,但水含量又不能过高,否则电极被水淹没,水阻塞气体通道,燃料不能传导到质子交换膜参与反应。如何保持良好的水平衡关系是燃料电池设计的重要课题。为保持水平衡,电池在正常工作时排水口会打开,在电解电流不变时,燃料供应量是恒定的。若负载选择不当,电池电流输出太小,未参加反应的气体从排水口泄露,则燃料利用率及效率都低。在适当选择负载时,燃料利用率约为 90%。

气水塔为电解池提供纯水(二次蒸馏水),可分别储存电解池产生的氢气和氧气,为燃料电池提供燃料气体。每个气水塔都是上下两层结构,上下层之间通过中间的连通管相连接,下层顶部有一个输气管连接到燃料电池,初始时,两个气水塔下层的两个通水管都与电解池相连,电解池充满水后,气水塔下层也近似充满水,当电解池工作时,产生的气体会汇聚在下层底部,通过输气管输出至燃料电池。若关闭输气管开关,气体产生的压力会使水从下层进入上层,从而将气体储存在下层的顶部。通过上层顶部管壁上的刻度可知储存气体的体积(上层水上升的体积即是氢气产生的体积)。

小风扇作为定性观察时的负载(可以将燃料电池的红、黑输出端与小风扇相连,以其是否转动来判断燃料电池工作与否),主机面板上的"可变电阻"作为定量测量时的负载。

【实验内容】

1. 燃料电池输出特性的测量

在一定的温度与气体压力下,改变负载电阻的大小,测量输出电压与输出电流之间的关系,根据实验数据绘制电流与电压的关系曲线,称为燃料电池的极化特性曲线,如图 2-7 所示。

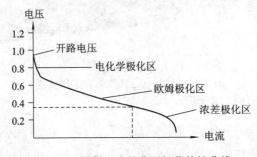

图 2-7 燃料电池的典型极化特性曲线

理论分析表明，如果燃料的所有能量都被转换成电能，则理想电动势为 1.48 V。实际燃料的能量不可能全部转换成电能，例如，总有一部分能量转换成热能，少量的燃料分子或电子穿过质子交换膜形成内部短路电流等，故燃料电池的开路电压低于理想电动势。

随着电流从零逐渐增大，输出电压有一段下降较快，主要是因为电极表面的反应速度有限，有电流输出时，电极表面的带电状态改变，驱动电子输出阳极或输入阴极时，产生的部分电压会被损耗掉，这一段被称为电化学极化区。

输出电压的线性下降区的电压降主要是电子通过电极材料及各种连接部件、离子通过电解质的阻力引起的，这种电压降与电流成比例，所以被称为欧姆极化区。

输出电流过大时，电极表面的反应物浓度下降，使输出电压迅速降低，这一段被称为浓差极化区。

燃料电池的效率为

$$\eta_{电池} = \frac{U_{输出}}{1.48} \times 100\% \tag{2-9}$$

输出电压越高，转换效率越高，这是因为燃料的消耗量与输出电量成正比，而输出能量为输出电量与电压的乘积。

燃料电池在某一输出电流时的输出功率相当于图 2-7 中虚线与坐标轴围成的矩形区。在使用燃料电池时，应根据极化曲线，兼顾效率与输出功率，选择适当的负载匹配。

改变负载电阻的大小，测量输出电流、电压值，并计算输出功率，绘制燃料电池的极化曲线。

绘制输出功率随电压的变化曲线，计算该燃料电池的最大效率和最大输出功率。

2. 质子交换膜电解池的特性测量

若不考虑电解器的能量损失，在电解器上加 1.48 V 电压就可使水分解为氢气和氧气，实际由于各种损失，当输入电压高于 1.6 V 时，电解器才开始工作。

电解器的效率为

$$\eta_{电解} = \frac{1.48}{U_{输入}} \times 100\% \tag{2-10}$$

输入电压较低时，虽然能量利用率较高，但电流小，电解的速率低，通常电解器的输入电压为 2 V 左右。

根据法拉第电解定律，电解生成物的量与输入电量成正比。若电解器产生的氢气保持在 1 个大气压下，电解电流为 I，经过时间 t 生产的氢气体积（氧气体积为氢气体积的一半）的理论值为

$$V_{氢气} = \frac{It}{2F} \times 22.4 \tag{2-11}$$

式中，$F = eN = 9.65 \times 10^4$ C/mol（库仑/摩尔），为法拉第常数；$e = 1.602 \times 10^{-19}$ C（库仑），为电子电量；$N_A = 6.022 \times 10^{23}$，为阿伏伽德罗常数；$It/2F$ 为产生的氢分子的摩尔（克分子）数；22.4 为气体的摩尔体积，单位为 L（升）。

由于水的分子量为 18，且每克水的体积为 1 cm^3，故电解池消耗的水的体积为

$$V_{水} = \frac{It}{2F} \times 18 \times 1 = 9.33It \times 10^{-5} \tag{2-12}$$

式(2-11)和式(2-12)对燃料电池同样适用，只是其中的 I 代表燃料电池的输出电

流，$V_{氢气}$ 代表氢气的消耗量，$V_水$ 代表电池中水的生成量。

改变加在电解池上的输入电压(改变太阳能电池的光照条件或改变光源到太阳能电池的距离)，测量输入电流及产生一定体积的气体的时间，记入表中。

由式(2-11)计算出氢气产生量的理论值。比较氢气产生量的测量值及理论值。

若不管输入电压与电流的大小，氢气产生量只与电量成正比，且测量值与理论值接近，即验证了法拉第定律。

3. 太阳能电池的特性测量

在一定的光照条件下，改变太阳能电池负载电阻的大小，测量输出电压与输出电流之间的关系并绘制关系曲线，如图 2-8 所示。

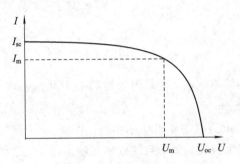

图 2-8　太阳能电池的伏安特性曲线

图 2-8 中，U_{oc} 为开路电压，I_{sc} 为短路电流，虚线与坐标轴围出的面积为太阳能电池的输出功率。与最大功率对应的电压称为最大工作电压 U_m，对应的电流称为最大工作电流 I_m。

表征太阳能电池特性的基本参数还包括光谱响应特性、光电转换效率和填充因子等。

填充因子 FF 定义为

$$FF = \frac{U_m I_m}{U_{oc} I_{sc}} \tag{2-13}$$

FF 是评价太阳能电池输出特性的一个重要参数，它的值越高，表明太阳能电池的输出特性越趋近于矩形，电池的光电转换效率越高。

保持光照条件不变，改变太阳能电池负载电阻的大小，测量输出电压、电流值，并计算输出功率，记入表中，绘制太阳能电池的伏安特性曲线和电池输出功率随输出电压的变化曲线。

计算该太阳能电池的开路电压、短路电流、最大输出功率、最大工作电压、最大工作电流以及填充因子等值。

【实验步骤】

1. 燃料电池输出特性的测量

(1) 将两个气水塔左侧的两个软接头用透明软管与电解池分别相连，气水塔下层顶部的软管接头用透明软管与燃料电池上部的接头相连(注意前后，不可扭接)。

（2）用手枪插连接线将主机电流源与电解池正负接线座相连（注意：千万不可接反，接错会导致电解池的损坏）。

（3）将燃料电池的正负接线柱与小风扇的正负接线柱用短的手枪插线相连（注意：开始时先关闭风扇开关）。

（4）用注射器向两个气水塔中注水（也可用容器直接倒入，但注射器更容易控制液面高度），先将电解池中注满水，随着气水塔中液面上升直到液面接近气水塔下层顶端的出气孔下端时，停止注水（注意：水不能进入燃料电池）。

（5）开启主机电源，调节"电流源"，使输出电流为 300 mA（为提高氢气产生效率，一开始宜用大电流）。稳定一段时间后可以打开小风扇开关，看到风扇风叶转动。

（6）将燃料电池的正负输出线连接至主机上的可变电阻，调节合适的输出电流（如 100 mA 或者 150 mA），调节 1 k 欧姆电位器和 100 欧姆电位器（注意：两个电位器配合调节），改变负载大小，测量输出电流和输出电压的变化。

2. 电解池的特性测量

（1）燃料电池输出特性的测量（温度为 30 ℃，压力为 1 个大气压，供电电流为 150 mA）。

（2）质子交换膜电解池的特性测量。

（3）电解池的特性测量，太阳能电池输出特性的测量。

【思考题】

（1）在电解池的测量中，测量氢气的产生量时由于主观因素的作用误差较大，实验可以通过测量较多的氢气产生量来减小误差。

（2）在燃料电池的实验中，输出电流并不稳定，这给读数带来了不便，实验时应在电流示数相对稳定时进行读数。

（3）在太阳能电池的实验中，室内灯光的存在不能提供光强严格不变的条件，这也会造成示数的不稳定。

（4）在综合实验中，电压电流相对变化较大，负载电阻的大小对效率也有一定影响，实验过程中观察到改变负载电阻对燃料电池输出电流的影响相对电压而言非常大，造成此次实验效率比较小，另外，实验过程中太阳能电池的输出电流也在不断变化。

【注意事项】

（1）使用前请详细阅读使用说明书。

（2）该实验系统必须使用去离子水或者二次蒸馏水，容器必须清洁干净，否则将损坏系统。

（3）PEM 电解池的最高工作电压为 4 V，最大输入电流为 300 mA，超量程使用将极大地损害电解池。

（4）PEM 电解池所加的电源极性必须正确，否则将损坏电解池并有起火燃烧的可能。

（5）绝对不允许将任何电源加于 PEM 燃料电池的输出端，否则将损坏燃料电池。

（6）气水塔中所加入的水面高度必须在出气管高度以下，以保证 PEM 燃料电池正常工作。

（7）该实验装置的主体由有机玻璃制成，使用中必须小心，以免损伤。

（8）太阳能电池和配套光源在工作时温度很高，切不可用手触摸，以免被烫伤。

（9）绝不允许用水打湿太阳能电池和配套光源，以免触电和损坏该部件。

2.3　A 类超声诊断与超声特性综合实验

【趣味知识】

　　超声诊断(Ultrasonic Diagnosis)是将超声检测技术应用于人体，通过测量了解生理或组织结构的数据和形态，发现疾病并作出提示的一种诊断方法。超声诊断是一种无创、无痛、方便、直观的有效检查手段，尤其是 B 超，应用广泛，影响很大，与 X 射线、CT、磁共振成像并称为四大医学影像技术。

　　超声学是声学的一个分支，它主要研究超声的产生方法和探测技术、超声在介质中的传播规律、超声与物质的相互作用，包括在微观尺度的相互作用以及超声的众多应用。超声的用途可分为两大类：一类是利用它的能量来改变材料的某些状态，为此需要产生较大能量的超声，这类用途的超声通常称为功率超声，如超声加湿、超声清洗、超声焊接、超声手术刀和超声马达等；另一类是利用它来采集信息，超声波测试分析包括对材料和工件进行检验和测量，由于检测的对象和目的不同，具体的技术和措施也是不同的，因而产生了名称各异的超声检测项目，如超声发射，超声测厚度、测硬度、测应力、测金属材料的晶粒度及超声探伤等。

【实验目的】

（1）了解超声波产生和发射的机理。

（2）测量水中声速或水层厚度。

（3）测量固体中的声速。

（4）了解超声定位诊断实验的实验原理。

（5）测试超声实验仪器对于铝合金材料的分辨力。

（6）利用脉冲反射法进行超声无损探伤实验。

【实验原理】

　　超声波是指频率高于 20 kHz 的声波。与电磁波不同，超声波是弹性机械波，不论材料的导电性、导磁性、导热性和导光性如何，只要是弹性材料，它都可以在其中传播，并且它的传播与材料的弹性有关。如果弹性材料发生变化，超声波的传播就会受到干扰，根据这个扰动，就可以了解材料的弹性或弹性变化的特征，这样超声就可以很好地检测到材料，特别是材料内部的信息。对某些其他辐射能量不能穿透的材料，超声更显示出了这方面的实用性。与 X 射线、γ 射线相比，超声的穿透本领并不优越，但由于对人体的伤害较小，它的应用仍然很广泛。

　　产生超声波的方法有很多种，如热学法、力学法、静电法、电磁法、磁致伸缩法、激光法和压电法等，但应用得最普遍的方法是压电法。

压电效应：某些介电体在机械压力的作用下会发生形变，使得介电体内正负电荷中心发生相对位移以致介电体两端表面出现符号相反的束缚电荷，其电荷密度与压力成正比，这种由"压力"产生"电"的现象称为正压电效应；反之，如果将具有压电效应的介电体置于外电场中，电场会使介质内部正负电荷中心发生位移，从而导致介电体发生形变，这种由"电"产生"机械形变"的现象称为逆压电效应。逆压电效应只产生于介电体，形变与外电场呈线性关系，且随外电场反向而改变符号。压电体的正压电效应与逆压电效应统称为压电效应。如果对具有压电效应的材料施加交变电压，那么它在交变电场的作用下将发生交替的压缩和拉伸形变，由此而产生了振动，并且振动的频率与所施加的交变电压的频率相同。若所施加的电频率在超声波频率范围内，则所产生的振动是超声频的振动。若把这种振动耦合到弹性介质中去，那么在弹性介质中传播的波即为超声波。这里利用的是逆压电效应。若利用正压电效应，可将超声能转变成电能，这样就可实现超声波的接收。

1. 医用 A 类超声诊断

医用 A 类超声波是按时间顺序将信号转变为显示器上不同的位置来分析人体组织的位置、形态等。这项技术可用于人体腹腔内器官位置及厚度的测量与颅脑的占位性病变的分析诊断。如图 2-9 所示，超声波从探头发出，先后经过腹外壁、腹内壁、脏器外壁、脏器内壁，t 为探头所探测到的回波信号在示波器时间轴上所显示的时间，即超声波到达界面后又返回探头的时间。若已知声波在腹壁中的传播速度 u_1、腹腔内的传播速度 u_2 与在脏器壁的传播速度 u_3，则可求得腹壁的厚度为

$$d_1 = \frac{u_1(t_2 - t_1)}{2} \tag{2-14}$$

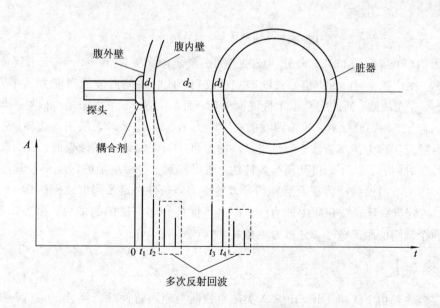

图 2-9 A 类超声诊断原理图

脏器距腹内壁的距离为

$$d_2 = \frac{u_2(t_3 - t_2)}{2} \tag{2-15}$$

脏器的厚度为

$$d_3 = \frac{u_3(t_4 - t_3)}{2} \tag{2-16}$$

2. 超声脉冲反射法探伤

对于有一定厚度的工件来说，若其中存在缺陷，则该缺陷处会反射一个与工件底部声程不同的回波，一般称之为缺陷回波。图 2-10 为一个存在裂缝缺陷的工件。

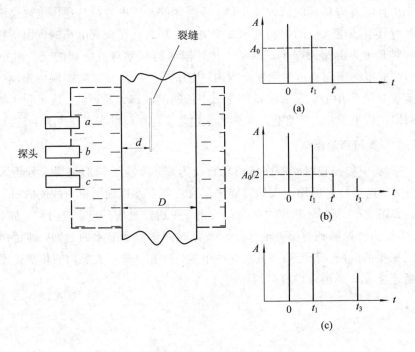

图 2-10 超声脉冲反射法探伤原理图

图 2-10 中的(a)、(b)、(c)分别反映了同一个超声探头在 a、b、c 三个不同位置时的反射情况。在位置 a 时，超声信号被缺陷完全反射，此时缺陷回波的高度为 A_0；在位置 c 时，该处不存在缺陷，回波完全由工件底面反射；而在位置 b 时，由于超声信号一半由缺陷反射，一半由工件底面反射，缺陷回波的高度降为 $A_0/2$，此处即为缺陷的边界。这种确定缺陷边界的方法称为半高波法。测量出工件的厚度 D，分别记录工件表面、底面及缺陷处回波信号的时间 t_1、t_2、t'，再利用半高波法，就可得到工件中缺陷的深度 d 及其位置。

超声探头本身的频率特征及脉冲信号源的性质等条件决定了超声波探伤具有时间上的分辨率。该分辨率反映在介质中即为区分距离不同的相邻两缺陷的能力，称为分辨力。能区分的两个缺陷的距离愈小，分辨力就愈高。

【实验仪器】

该实验主要由 FD‑UDE‑B 型 A 类超声诊断与超声特性综合实验仪主机、数字示波器(选配)、有机玻璃水箱、配件箱(两个样品架，一个横向导轨，一个横向滑块，铝合金、冕玻璃、有机玻璃样品按高度不同各两个，一个分辨力测试样块，一个探伤实验用工件样块等)组成，如图 2‑11 所示。

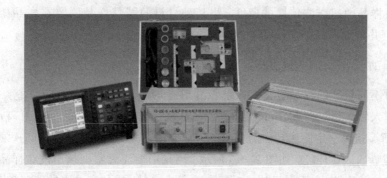

图 2-11　A 类超声诊断与超声特性综合实验装置

实验主机面板如图 2-12 所示。

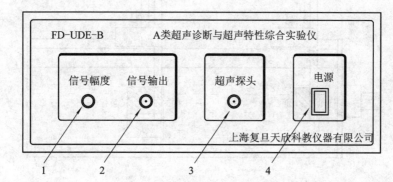

1—节信号幅度的旋钮；2—信号输出(接示波器)；3—超声探头(接超声探头)；4—电源开关

图 2-12　A 类超声诊断与超声特性综合实验仪主机面板示意图

　　仪器的工作原理：电路发出一个高速高压脉冲至换能器，这是一个幅度呈指数形式减小的脉冲。此脉冲信号有两个用途：一是作为被取样的对象，在幅度尚未变化时被取样处理后输入示波器形成始波脉冲；二是作为超声振动的振动源，即当此脉冲幅度变化到一定程度时，压电晶体将产生谐振，激发出频率等于谐振频率的超声波(本仪器采用的压电晶体的谐振频率点是 2.5 MHz)。第一次反射回来的超声波又被同一探头接收，此信号经处理后送入示波器形成第一回波。根据不同材料中超声波的衰减程度、不同界面超声波的反射率，还可能形成第二回波等多次回波。

【实验内容】

　　(1) 准备工作：在有机玻璃水箱侧面装上超声波探头后注入清水，至超过探头位置 1 cm 左右即可(由于水是良好的耦合剂，下列实验均在水中进行)。探头另一端与仪器"超声探头"相接。"信号输出"通过 Q9 线与示波器的 CH1 或 CH2 相连。示波器调至交流信号挡，使用上升沿触发方式，并找到一个适当的触发电平使波形稳定。

　　(2) 将任一圆柱样品固定在样品架上，把样品架置于导轨上并微调样品架使反射信号最大。移动样品架至水箱中的不同位置，测出每个位置下超声探头与样品第一反射面间超声波的传播时间。可每隔 2 cm 测一个点，将结果做 $X-t/2$ 的线性拟合，根据拟合系数求出水中的声速，并与理论值比较。

　　注意：实验时有时能看到水箱壁反射引起的回波，应该分辨出来并且舍弃之。

（3）测量样品中超声波传播的速度：将某种材料的圆柱样品固定在样品架上，把样品架搁在导轨上并微调样品架使反射信号最大。测出样品第一反射面的回波与第二反射面的回波的时间差的一半 $\frac{t_2 - t_1}{2}$，量出样品长度 d，算出速度。每种材料都有两个不同长度的样品，可分别对不同长度的样品进行多次测量并取平均值。

（4）模拟人体脏器进行超声定位诊断：使样品 1 与探头相隔一小段距离，作为腹壁，样品 2 与样品 1 相隔一定距离，作为内脏，这样便形成了与图 2-9 相似的探测环境，从而模拟超声定位诊断测量环境，如图 2-13 所示。测量中要注意鉴别超声波在样品间或样品内部多次反射形成的回波（由于有机玻璃对超声波衰减较大，样品宜采用冕玻璃或铝合金）。

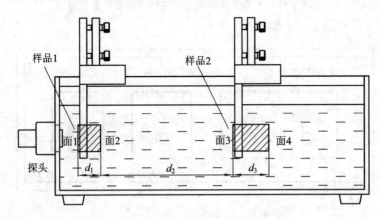

图 2-13　超声定位诊断模拟实验的装置图

（5）分辨力测量实验：实验中，将分辨力样块通过两个手拧螺丝固定在横向滑块的底部，搁置在横向导轨的中间位置，使超声探头能够透过样块前表面探测到后表面中间台阶左右不同声程的信号，如图 2-14 所示。

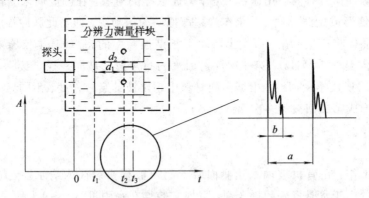

图 2-14　测量超声实验仪器对于铝合金材料的分辨力

测量出 d_1、d_2 的距离，从示波器上读出 a 和 b 的宽度，代入公式

$$F = (d_2 - d_1)\frac{b}{a}$$

即可计算出仪器对于该种介质的分辨力 F。

（6）超声脉冲反射法探伤：配件箱中提供了一块铝合金工件样块，样块中有不同深度的两条细缝，配合横向滑块与导轨，可用于进行超声探伤测量（计算公式请同学们自行推导）。

2.4 液晶电光效应实验

【趣味知识】

液晶,即液态晶体(Liquid Crystal,LC),某些物质在熔融状态或被溶剂溶解之后,尽管失去了固态物质的刚性,却获得了液体的易流动性,并保留着部分晶态物质分子的各向异性有序排列,形成一种兼有晶体和液体的部分性质的中间态,这种由固态向液态转化的过程中存在的取向有序流体称为液晶。液晶是相态的一种,因为具有特殊的理化与光电特性,20世纪中叶开始被广泛应用在轻薄型的显示技术上。

1. 液晶的发现

1850年,普鲁士医生鲁道夫·菲尔绍等人发现神经纤维的萃取物中含有一种不寻常的物质。在1888年,奥地利布拉格德国大学的植物学家斐德烈·莱尼茨尔在加热安息香酸胆固醇酯时发现:当胆固醇酯加热到145℃时融化,会经历一个不透明的呈白色黏稠浑浊的液体状态,并发出多彩且美丽的珍珠光泽;当温度加热到175℃时,它似乎再次熔化,变成清澈透明的液体;当温度下降时,再次出现混浊状态并变成紫色,最终又恢复成白色的固体。后来,德国亚深大学物理学教授奥托·雷曼发现了这种白浊物质具有多种弯曲性质,认为这种物质是流动性结晶的一种,由此而取名为Liquid Crystal,即液晶。

2. 液晶的应用历史

1972年,Gruen Teletime是第一支使用液晶显示器的手表。

1973年,Sharp EL-805是第一台使用液晶显示器的计算器。日本的声宝公司首次将液晶运用于制作电子计算器的数字显示。

1981年,EPSON HX-20是第一台使用液晶显示器的便携式计算机。

1989年,NEC UltraLite是第一台使用液晶显示器的笔记本计算机。

如今,液晶是笔记本电脑和掌上计算机的主要显示设备,在投影机中,它也扮演着非常重要的角色。

3. 液晶的用途

液晶显示材料最常见的用途是电子表和计算器的显示板,为什么会显示数字呢?原来这种液态光电显示材料利用液晶的电光效应把电信号转换成字符、图像等可见信号。液晶在正常情况下,其分子排列很有秩序,显得清澈透明,一旦加上直流电场后,分子的排列被打乱,一部分液晶变得不透明,颜色加深,因而能显示数字和图像。

液晶的电光效应是指它的干涉、散射、衍射、旋光和吸收等受电场调制的光学现象。根据液晶会变色的特点,人们利用它来指示温度、报警毒气等。例如,液晶能随着温度的变化,使颜色从红变绿、蓝。这样可以指示出某个实验中的温度。液晶遇上氯化氢、氢氰酸之类的有毒气体时也会变色。

【实验目的】

(1) 测定液晶样品的电光曲线。

（2）根据电光曲线，求出样品的阈值电压 U_{th}、饱和电压 U_r、对比度 D_r、陡度 β 等电光效应的主要参数。

（3）了解最简单的液晶显示器件（TN - LCD）的显示原理。

（4）自配数字存储示波器可测定液晶样品的电光响应曲线，求得液晶样品的响应时间。

【实验原理】

1. 液晶的概念

液晶态是一种介于液体和晶体之间的中间态，既有液体的流动性、黏度和形变等机械性质，又有晶体的热、光、电、磁等物理性质。液晶与液体、晶体之间的区别是：液体是各向同性的，分子取向无序；液晶分子取向有序，但位置无序；晶体则既取向有序又位置有序。

就形成液晶的方式而言，液晶可分为热致液晶和溶致液晶。热致液晶又可分为近晶相、向列相和胆甾相，其中向列相液晶是液晶显示器件的主要材料。

2. 液晶的电光效应

液晶分子是在形状、介电常数、折射率及电导率上具有各向异性特性的物质，如果对这样的物质施加电场（电流），随着液晶分子取向结构发生变化，它的光学特性也随之变化，这就是液晶的电光效应。

液晶的电光效应种类繁多，主要有动态散射型（DS）、扭曲向列相型（TN）、超扭曲向列相型（STN）、有源矩阵液晶显示（TFT）和电控双折射（ECB）等。其中应用较广的有：TFT 型，主要用于液晶电视、笔记本电脑等高档产品；STN 型，主要用于手机屏幕等中档产品；TN 型，主要用于电子表、计算器、仪器仪表和家用电器等中低档产品，是目前应用最普遍的液晶显示器件。

TN 型液晶显示器件的显示原理比较简单，是 STN、TFT 等显示方式的基础。本仪器所使用的液晶样品即为 TN 型。

3. TN 型液晶盒的结构

TN 式液晶盒的结构如图 2 - 15 所示。

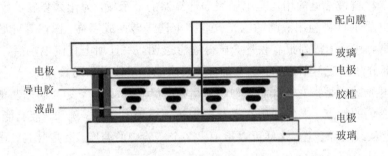

图 2 - 15　TN 型液晶盒结构图

在涂覆透明电极的两枚玻璃基板之间，夹有正介电各向异性的向列相液晶薄层，四周用密封材料（一般为环氧树脂）密封。玻璃基板内侧覆盖着一层定向层，通常是一个薄层高分子有机物，经定向摩擦处理，可使棒状液晶分子平行于玻璃表面，沿定向处理的方向排列。上下玻璃表面的定向方向是相互垂直的，这样，盒内液晶分子的取向逐渐扭曲，从上玻璃片到下玻璃片扭曲了90°，所以称为扭曲向列型。

4. 扭曲向列型电光效应

无外电场作用时，由于可见光波长远小于向列相液晶的扭曲螺距，当线偏振光垂直入射时，若偏振方向与液晶盒上表面分子取向相同，则线偏振光将随液晶分子轴方向逐渐旋转90°，平行于液晶盒下表面分子轴方向射出，其中液晶盒上下表面各附一片偏振片，其偏振方向与液晶盒表面分子取向相同，因此光可通过偏振片射出；若入射线偏振光的偏振方向垂直于上表面分子的轴方向，出射时，线偏振光方向亦垂直于下表面液晶分子轴；当以其他线偏振光方向入射时，则根据平行分量和垂直分量的相位差，以椭圆、圆或直线等某种偏振光形式射出。

对液晶盒施加的电压达到某一数值时，液晶分子长轴开始沿电场方向倾斜，电压继续增加到另一数值时，除附着在液晶盒上下表面的液晶分子外，所有液晶分子长轴都按电场方向进行重排列，TN型液晶盒90°旋光性完全消失。

若将液晶盒放在两片平行偏振片之间，其偏振方向与上表面液晶分子取向相同。不加电压时，入射光通过起偏器形成的线偏振光经过液晶盒后偏振方向随液晶分子轴旋转90°，不能通过检偏器；施加电压后，透过检偏器的光强与施加在液晶盒上电压大小的关系见图2-16，其中纵坐标为透光强度，横坐标为外加电压。最大透光强度的10%所对应的外加电压值称为阈值电压(U_{th})，标志了液晶电光效应存在可观察的反应的开始(或称起辉)，阈值电压小，是电光效应良好的一个重要指标。最大透光强度的90%对应的外加电压值称为饱和电压(U_r)，标志了获得最大对比度所需的外加电压数值，U_s小则易获得良好的显示效果，且降低显示功耗，对显示寿命有利。

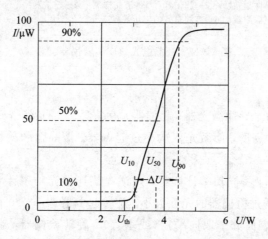

图 2-16 液晶电光曲线图

对比度：

$$D_r = \frac{I_{max}}{I_{min}}$$

其中，I_{max}为最大观察(接收)亮度(照度)，I_{min}为最小亮度。

陡度：

$$\beta = \frac{U_r}{U_{th}}$$

即饱和电压与阈值电压之比。

5. TN-LCD 的结构及显示原理

液晶盒上下玻璃片的外侧均贴有偏光片,其中上表面所附偏振片的偏振方向总是与上表面分子取向相同。自然光入射后,经过偏振片形成与上表面分子取向相同的线偏振光,入射液晶盒后,偏振方向随液晶分子长轴旋转90°,以平行于下表面分子取向的线偏振光射出液晶盒。若下表面所附偏振片偏振方向与下表面分子取向垂直(即与上表面平行),则为黑底白字的常黑型,不通电时,光不能透过显示器(为黑态),通电时,90°旋光性消失,光可通过显示器(为白态);若偏振片与下表面分子取向相同,则为白底黑字的常白型。TN-LCD 可用于显示数字、简单字符及图案等,有选择地在各段电极上施加电压,就可以显示出不同的图案。

【实验仪器】

如图 2-17 所示,液晶电光效应实验仪主要由控制主机、导轨、滑块、半导体激光器、起偏器、液晶样品、检偏器及光电探测器组成。

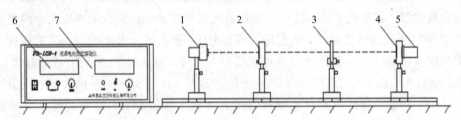

1—半导体激光器; 2—起偏器; 3—液晶样品; 4—检偏器;
5—光电探测器; 6—方波有效值电压表; 7—光功率计

图 2-17 液晶电光效应实验仪器装置

【实验内容】

(1) 导轨上依次为半导体激光器、起偏器、液晶盒、检偏器(带光电探测器)。打开半导体激光器,调节各元件高度,使激光依次穿过起偏器、液晶盒和检偏器,打在光电探测器的通光孔上。

(2) 接通主机电源,将光功率计调零,用话筒线连接光功率计和光电转换盒,此时光功率计显示的数值为透过检偏器的光强大小。旋转起偏器调至120°(出厂时已校准过),使其偏振方向与液晶片表面分子取向平行(或垂直)。旋转检偏器,观察光功率计数值的变化,若最大值小于 200 μW,可旋转半导体激光器,使最大透射光强大于 200 μW。最后旋转检偏器,使透射光强达到最小。

(3) 将电压表调至零点,用红黑导线连接主机和液晶盒,从 0 开始逐渐增大电压,观察光功率计读数的变化,电压调至最大值后归零。

(4) 从 0 开始逐渐增加电压,在 0~2.5 V 之间每隔 0.2 V 或 0.3 V 记一次电压及透射光强值,2.5 V 后每隔 0.1 V 左右记一次数据,6.5 V 后再每隔 0.2 V 或 0.3 V 记一次数据，在关键点附近宜多测几组数据。

（5）绘制电光曲线图，纵坐标为透射光强值，横坐标为外加电压值。

（6）根据完成的电光曲线，求出样品的阈值电压 U_{th}、饱和电压 U_r、对比度 D_r 及陡度 β。

（7）演示黑底白字的常黑型 TN－LCD。拔掉液晶盒上的插头，光功率计显示为最小，即黑态；将电压调至 6～7 V 左右，连通液晶盒，光功率计显示出最大数值，即白态。

注意：可自配数字或字符型液晶片演示，有选择地在各段电极上施加电压，就可以显示出不同的图案。

（8）自配数字存储示波器，可测试液晶样品的电光响应曲线，求得样品的响应时间。

【实验数据】

注意：液晶样品受温度等环境因素的影响较大，如 TN 型液晶的阈值电压在 20℃±20℃ 范围内漂移达 15％～35％，因此每次实验结果有一定出入为正常情况。也可比较不同温度下液晶样品的电光曲线图。

2.5　气体压力传感器特性及人体心律、血压测量实验

【趣味知识】

压力传感器是工业实践中最为常用的一种传感器，其广泛应用于各种工业自控环境，涉及水利水电、铁路交通、智能建筑、生产自控、航空航天、军工、石化、油井、电力、船舶、机床、管道等众多行业。

【实验目的】

（1）了解气体压力传感器的工作原理，测量气体压力传感器的特性。

（2）用气体压力传感器、放大器和数字电压表来组装数字式压力表，并用标准指针式压力表对其进行定标，完成数字式压力表的制作。

（3）了解人体心律、血压的测量原理，利用压阻脉搏传感器测量脉搏波形、心跳频率，采用柯氏音法，用自己组装的数字压力表测量人体血压。

【实验原理】

压力（压强）是一种非电量的物理量，它可以用指针式气体压力表来测量，也可以用压力传感器把压强转换成电量，再用数字电压表测量和监控。本仪器所用气体压力传感器为 MPS－3100，它是一种用压阻元件组成的桥，其电原理图如图 2－18 所示。

给气体压力传感器加上＋5 V 的工作电压，气体压强范围为 0～40 kPa，则它随着气体压强的变化能输出 0～75 mV（典型值）的电压，在 40 kPa 时最小输出 40 mV，最大输出 100 mV。由于制造技术的关系，传感器在 0 kPa 时，其输出不为零（典型值±25 mV），故可以在 1、6 脚串接小电阻来进行调整。MPS－3100 传感器的线性度极好（典型值为 0.3％ SF）。

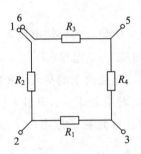

管脚	定义
1	GND
2	V+
3	OUT+
4	空
5	V-
6	GND

图 2-18 压力传感器电原理图

1. 理想气体定律

气体的状态可用如下三个量来确定：体积 V、压强 P 和温度 T。在通常大气环境条件下，气体可视为理想气体(气体压强不大)，理想气体遵守以下定律。

(1) 波意耳(Boyle)定律：对于一定量的气体，假定气体的温度 T 保持不变，则其压强 P 和体积 V 的乘积是一个常数。

$$P_1 V_1 = P_2 V_2 = \cdots = P_r V_r = 常数 \tag{2-17}$$

(2) 气体定律：任何一定量气体的压强 P 和气体的体积 V 的乘积除以自身的热力学温度 T 为一个常数，即

$$\frac{P_1 V_1}{T_1} = \frac{P_2 V_2}{T_2} = \cdots = \frac{P_r V_r}{T_r} = 常数 \tag{2-18}$$

2. 心律和血压的测量

人体的心率、血压是人的重要生理参数，心跳的频率、脉搏的波形和血压的高低是判断人身体健康的重要依据。

(1) 心律、脉搏波与测量。心脏跳动的频率称为心律(次/分钟)，心脏在周期性波动中挤压血管引起动脉管壁的弹性形变，在血管处测量此应力波得到的就是脉搏波。因为心脏通过动脉血管、毛细血管向全身供血，所以离心脏越近测得的脉搏波强度越大，反之则相反。在脉搏波强的血管处，用手指在体外就能感应到脉搏波。随着电子技术与计算机技术的发展，脉搏测量不再局限于传统的人工测量法或听诊器测量法，利用压阻传感器对脉搏信号进行检测，并通过单片机技术进行数据处理，实现智能化的脉搏测试，同时可以通过示波器对检测到的脉搏波进行观察，通过脉搏波形的对比来进行心脏的健康诊断。这种技术具有先进性、实用性和稳定性，同时也是生物医学工程领域的发展方向。但考虑到脉搏波(PPG)不仅有脉搏频率参数，其中更有间接的血压、血氧饱和度等参数，所以脉搏波的观察在医学诊断中非常重要。

(2) 血压与测量。人体血压指的是动脉血管中脉动的血流对血管壁产生的侧向垂直于血管壁的压力。主动脉血管中垂直于管壁的压力的峰值为收缩压，谷值为舒张压。血压是反映心血管系统状态的重要的生理参数。临床上血压测量技术可分为直接法和间接法两种。间接法测量血压不需要外科手术，测量简便，因此在临床上得到广泛的应用。考虑到目前医院常规血压测量还是以柯氏音法为主，所以本实验要求掌握用柯氏音法测量人体血压。

【实验仪器】

FD‑HRBP‑A 压力传感器特性及人体心律血压测量实验仪由八个部分组成：指针式压力表、MPS‑3100 气体压力传感器、数字电压表、100 mL 注射器气体输入装置、压阻脉搏传感器、智能脉搏计数器、血压袖套和听诊器血压测量装置、实验接插线。

【实验内容】

本实验仪器所用的气体压力表为精密微压表，测量压强范围应在全范围的 4/5，即 32 kPa。微压表的 0～4 kPa 为精度不确定范围，故实际测量范围为 4～32 kPa。实验时压气球只能在测量血压时应用，不能直接接入进气口，测量压力传感器特性时必须用定量输气装置（注射器）。严禁实验时加压超过 36 kPa（瞬态）。瞬态超过 40 kPa，微压表可能损坏！

注意：压力传感器请插入仪器左边的 5 V 电源插座；心率传感器请插入仪器右边的 5 V 电源插座。

1. 必做实验

气体压力传感器的特性测量；组装数字式压力表及人体心律、血压的测量。

1）实验前的准备工作

仪器实验前要开机 5 min，待仪器稳定后才能开始做实验。

注意：实验时严禁加压超过 36 kPa。

2）气体压力传感器 MPS‑3100 的特性测量

（1）气体压力传感器 MPS‑3100 输入端加上实验电压（＋5 V），输出端接数字电压表，通过注射器改变管路内的气体压强。

（2）测出气体压力传感器的输出电压（4～32 kPa 的范围内测 8 个点）。

（3）画出气体压力传感器的压强 P 与输出电压 U 的关系曲线（直线，非线性≤0.3％ FS），计算出气体压力传感器的灵敏度及相关系数。

3）数字式压力表的组装及定标

（1）将气体压力传感器 MPS‑3100 的输出与定标放大器的输入端连接，再将放大器输出端与数字电压表连接。

（2）反复调整气体压强为 4 kPa 与 32 kPa 时放大器的零点与放大倍数，使放大器输出电压在气体压强为 4 kPa 时为 40 mV，在气体压强为 32 kPa 时为 320 mV。

（3）将放大器零点与放大倍数调整好后，琴键开关按在 kPa 挡，组装好的数字式压力表可用于人体血压或气体压强的测量及数字显示。

4）心律的测量

（1）将压阻式脉搏传感器放在手臂脉搏最强处，插口与仪器脉搏传感器插座连接，接上电源（＋5 V），绑上血压袖套，稍加些压力（压几下压气球，压强以示波器能看到清晰的脉搏波形为准，如不用示波器则要注意脉搏传感器的位置，调整到计次灯能准确跟随心跳频率）。

（2）按下"计次、保存"按键，仪器将会在规定的一分钟内自动测出每分钟脉搏的次数并以数字显示出来。

5）血压的测量

（1）采用典型柯氏音法测量血压，将测血压的袖套绑在上手臂脉搏处，并把医用听诊器插在袖套内脉搏处。

（2）血压袖套连接管用三通接入仪器进气口，用压气球向袖套压气至 20 kPa，打开排气口缓慢排气，同时用听诊器听脉搏音(柯氏音)，当听到第一次柯氏音时，记下压力表的读数为收缩压，若排气至听不到柯氏音时，则最后一次听到柯氏音时所对应的压力表读数为舒张压。

（3）如果舒张压读数不太肯定时，可以用压气球补气至舒张压读数之上，再次缓慢排气来读出舒张压。

2. 选做实验

验证理想气体定律，并观察脉搏波形。

1）验证理想气体波意耳定律

（1）将注射器吸入空气拉管至 100 mL 刻线，注射器出口用气管连接至仪器气体输入口，此时若管道内的气体体积为 V_0，那么此时总的气体体积为 V_0+V_1(100 mL)，压力表显示压强为零(实际压强约为 760 mmHg 或 101.08 kPa)。

（2）将注射器内的气体压缩，此时总的气体体积将减少，压强将升高。每减少 5 mL 测量一次管道内的压强，至少测 5 次，则依次得 V_2+V_0，P_2；V_3+V_0，P_3；V_4+V_0，P_4；V_5+V_0，P_5。

（3）绘制 $\dfrac{1}{p_i+p_0}-V_i$ 直线图，求出斜率 K 和截距 KV_0，然后证明：

$$(V_2+V_0)P_2 = (V_3+V_0)P_3 = (V_4+V_0)P_4 = (V_5+V_0)P_5$$

验证波意耳定律。

2）观察脉搏波形并从波形中分析收缩压及舒张压(研究性自学课题)

把脉搏波形信号输入示波器(另需慢扫描长余辉示波器)观察分析脉搏波形。

2.6 透镜的焦距测量

【趣味知识】

透镜是用透明物质制成的表面为球面一部分的光学元件，镜头由几片透镜组成，有塑胶透镜(plastic)和玻璃透镜(glass)两种，玻璃透镜比塑胶的贵。通常摄像头用的镜头构造有：1P、2P、1G1P、1G2P、2G2P 和 4G 等，透镜越多，成本越高。一个品质优良的摄像头通常采用玻璃镜头，其成像效果要比塑胶镜头好。透镜在天文、军事、交通、医学、艺术等领域发挥着重要作用。

1. 生活中的透镜

物远像近照相机，缩小实像且倒立。

物近像远投影仪，放大实像且倒立。

物像同侧放大镜，正立放大一虚像。

实像倒立虚像正，实像异侧虚像同。

2. 眼睛和眼镜

近视眼晶状体厚，看清近处看不清远。

远光成像视网膜前，戴凹透镜恢复正常。

远视眼晶状体薄，看清远处看不清近。

近光成像视网膜后，戴凸透镜调清光。

眼睛近点 10 cm，明视距离 25 cm。

【实验目的】

(1) 粗测凸透镜的焦距。

(2) 用自准直法测量凸透镜的焦距。

(3) 通过测量物距和像距求凸透镜的焦距。

(4) 用二次成像法测量凸透镜的焦距。

(5) 利用测得的凸透镜的焦距值，测量凹透镜的焦距(选做实验)。

【实验原理】

焦距是指透镜的主点到焦点的距离，是透镜的重要参数之一，透镜的成像位置及性质
(大小、虚实)均与其有关。焦距测量的准确性取决于主点及焦点(或像点)的定位是否准
确。本实验介绍测量透镜焦距的多种方法，并比较各种方法的优缺点。

在近轴条件下，薄透镜的成像公式为

$$\frac{1}{p'} - \frac{1}{p} = \frac{1}{f} \tag{2-19}$$

式中：p' 为像距；p 为物距；f 为(像方)焦距。

1. 粗测法

当物距 p 趋向无穷大时，由式(2-19)可得

$$f = p'$$

即无穷远处的物体成像在透镜的焦平面上。用这种方法测得的结果一般只有 1～2 位有效
数字，多用于挑选透镜时的粗略估计。

2. 自准直法

如图 2-19 所示，在透镜 L 的一侧放置被光源照亮的物屏 AB，在另一侧放置一块平
面镜 M。移动透镜的位置即可改变物距的大小。当物距等于透镜的焦距时，物屏 AB 上任
一点发出的光经透镜折射后成为平行光；再经平面镜反射，反射光经透镜折射后重新会
聚。由透镜成像公式可知，会聚光线必在透镜的焦平面上成一个与原物大小相等的倒立的
实像。此时，只需测出透镜到物屏的距离，便可得到透镜的焦距。该方法的测量主要是透
镜与物屏之间距离的测量，其结果可以有三位有效数字。

3. 二次成像法(贝塞耳法)

若保持物屏与像屏之间的距离 D 不变且 D>4f，沿光轴方向移动透镜，可以在像屏上
观察到二次成像：一次成放大的倒立实像，一次成缩小的倒立实像，如图 2-20 所示。在二

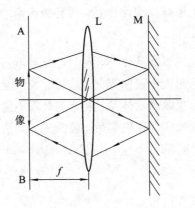

图 2 - 19 自准直测法

次成像时透镜移动的距离为 L，则得到透镜的焦距为

$$f = \frac{D^2 - L^2}{4D} \qquad (2-20)$$

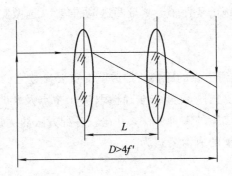

图 2 - 20 二次成像法

4. 凹透镜焦距的测量

上述三种方法要求物体经透镜后成实像，适用于测量凸透镜的焦距，而不适用于测量凹透镜的焦距。为了测量凹透镜的焦距，常用一个已知焦距的凸透镜与之组合成为透镜组，物体发出的光线通过凸透镜后会聚，再经凹透镜后成实像，如图 2 - 21 所示。若令 $S_2(>0)$ 为虚物的物距，S_2' 为像距，则凹透镜的焦距为

$$f_2' = -\frac{S_2 S_2'}{S_2' - S_2} \qquad (2-21)$$

【实验仪器】

光具座是一根横截面为燕尾型的铝合金导轨，在它的一侧固定一把有刻度的刻度尺。在光具座上安放有滑块，用来安装各种调节架。根据实验的需要可在调节架上安放各种光学元件（如透镜、光屏等）。在滑块的下部有一根刻线，通过刻线可以读出滑块相对于光具座刻度尺的读数，即滑块的位置。

【实验内容】

测量透镜焦距并记录数据。

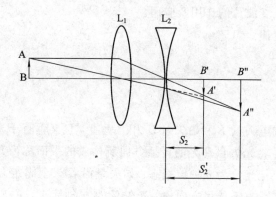

图 2 - 21　凹透镜焦距的测量

（1）自准直法；

（2）二次成像法（贝塞耳法）；

（3）凹透镜焦距的测量。

【思考题】

（1）能否用上述方法测量厚透镜的焦距或透镜组的焦距？

（2）在自准直法测量凸透镜焦距时，如何判断物屏上所成的像是透镜的自准直像？

（3）在实验中应如何调节透镜，使主光轴与光具座刻度尺平行，并使物平面与主光轴垂直？

（4）设计一个利用自准直法测量凹透镜焦距的实验。

2.7　光偏振现象的研究

【趣味知识】

在日常生活中，光无处不在。如果没有光，我们就无法生存。我们已经知道光是横波，就像绳波一样，若振动方向与狭缝的方向相同，波就可以无阻碍地穿过；若振动方向与狭缝的方向垂直，波就会被挡住。光也存在类似的现象。

光的偏振现象是波动光学中一种重要现象，对于光的偏振现象的研究，使人们对光的传播（反射、折射、吸收和散射等）规律有了新的认识。特别是近年来利用光的偏振性所开发出来的各种偏振光元件，偏振光仪器和偏振光技术在现代科学技术中发挥了极其重要的作用，在光调制器、光开关、光学计量、应力分析、光信息处理、光通信、激光和光电子学器件等方面都有着广泛的应用。本实验将对光偏振的基本知识和性质进行观察、分析和研究。

【实验目的】

（1）了解偏振光的种类。着重了解和掌握线偏振光、圆偏振光、椭圆偏振光的产生及检验方法。

（2）了解和掌握1/4波片的作用及应用。

（3）了解和掌握 1/2 波片的作用及应用。

（4）验证马吕斯定律。

【实验原理】

1. 偏振光的种类

光是电磁波，它的电矢量 E 和磁矢量 H 相互垂直，且又垂直于光的传播方向，通常用电矢量代表光矢量，并将光矢量和光的传播方向所构成的平面称为光的振动面，按光矢量的不同振动状态，可以把光分为五种偏振态：如矢量沿着一个固定方向振动，称为线偏振光或平面偏振光；如在垂直于传播方向内，光矢量的方向是任意的，且各个方向的振幅相等，则称为自然光；如果光矢量有的方向振幅较大，有的方向振幅较小，则称为部分偏振光；如果光矢量的大小和方向随时间作周期性变化，且光矢量的末端在垂直于光传播方向的平面内的轨迹是圆或椭圆，则分别称为圆偏振光或椭圆偏振光。

2. 线偏振光的产生

1）反射和折射产生偏振光

根据布鲁斯特定律，当自然光以 $i_B = \arctan n$ 的入射角从空气或真空入射至折射率为 n 的介质表面上时，其反射光为完全的线偏振光，振动面垂直于入射面；而透射光为部分偏振光，i_B 称为布鲁斯特角。如果自然光以 i_B 入射到一叠平行玻璃片堆上，则经过多次反射和折射，最后从玻璃片堆透射出来的光也接近于线偏振光。

2）偏振片

偏振片是利用某些有机化合物晶体的"二向色性"制成的，当自然光通过这种偏振片后，光矢量垂直于偏振片透振方向的分量几乎完全被吸收，光矢量平行于透振方向的分量几乎完全通过，因此透射光基本上为线偏振光。

3. 波晶片

波晶片简称波片，通常是一块光轴平行于表面的单轴晶片。一束平面偏振光垂直入射到波晶片后，便分解为振动方向与光轴方向平行的 e 光和与光轴方向垂直的 o 光两部分（见图 2 - 22）。这两种光在晶体内的传播方向虽然一致，但它们在晶体内传播的速度却不相同。于是 e 光和 o 光通过波晶片后就产生固定的相位差 δ，即

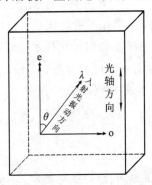

图 2 - 22　波晶片

$$\delta = \frac{2\pi}{\lambda}(n_e - n_0)l$$

式中：λ 为入射光的波长；l 为晶片的厚度；n_e 和 n_0 分别为 e 光和 o 光的主折射率。

对于某种单色光，能产生相位差 $\delta = (2k+1)\pi/2$ 的波晶片，称为此单色光的 1/4 波片；能产生 $\delta = (2k+1)\pi$ 的波晶片，称为 1/2 波片；能产生 $\delta = 2k\pi$ 的波晶片，称为全波片。通常波片用云母片剥离成适当厚度或用石英晶体研磨成薄片。由于石英晶体是正晶体，其 o 光比 e 光的速度快，沿光轴方向振动的光（e 光）传播速度慢，故光轴称为慢轴，与之垂直的方向称为快轴。对于负晶体制成的波片，光轴就是快轴。

4. 平面偏振光通过各种波片后偏振态的改变

一束振动方向与光轴成 θ 角的平面偏振光垂直入射到波片后，会产生振动方向相互垂直的 e 光和 o 光，其 E 矢量大小分别为 $E_e = E\cos\theta$，$E_o = E\sin\theta$，通过波片后，二者产生一个附加相位差。离开波片时合成波的偏振性质取决于相位差 δ 和 θ。如果入射偏振光的振动方向与波片的光轴夹角为 0 或 $\pi/2$，则任何波片对它都不起作用，即从波片出射的光仍为原来的线偏振光。而如果不为 0 或 $\pi/2$，线偏振光通过 1/2 波片后，出来的也仍为线偏振光，但它的振动方向将旋转 2θ，即出射光和入射光的电矢量对称于光轴；线偏振光通过 1/4 波片后，则可能产生线偏振光、圆偏振光和长轴与光轴垂直或平行的椭圆偏振光，这取决于入射线偏振光的振动方向与光轴夹角 θ。

5. 偏振光的鉴别

鉴别入射光的偏振态须借助于检偏器和 1/4 波片。使入射光通过检偏器后，检测其透射光强并转动检偏器；若出现透射光强为零（称"消光"）的现象，则入射光必为线偏振光；若透射光的强度没有变化，则可能为自然光或圆偏振光（或两者的混合）；若转动检偏器，透射光强虽有变化但不出现消光现象，则入射光可能是椭圆偏振光或部分偏振光。要进一步作出鉴别，则需在入射光与检偏器之间插入一块 1/4 波片。若入射光是圆偏振光，则通过 1/4 波片后将变成线偏振光，当 1/4 波片的慢轴（或快轴）与被检测的椭圆偏振光的长轴或短轴平行时，透射光也为线偏振光，于是转动检偏器也会出现消光现象；否则，就是部分偏振光。

6. 马吕斯定律

按照马吕斯定律，强度为 I_m 的线偏振光通过检偏器后，透射光的强度为

$$I = I_0 \cos^2\varphi$$

式中：φ 为入射光偏振方向与检偏器偏振轴之间的夹角，I_0 为检偏器光轴与起偏器光轴平行时的出射光强，$I_0 < I_m$（偏振片有吸收、反射）。显然，当以光线传播方向为轴转动检偏器时，透射光强度 I 将发生周期性变化。

当 $\varphi = 0°$ 时，透射光强度最大；

当 $\varphi = 90°$ 时，透射光强为最小值（消光状态），接近于全暗；

当 $0° < \varphi < 90°$ 时，透射光强度 I 介于最大值和最小值之间。因此，根据透射光强度变化的情况，可以区别线偏振光、自然光和部分偏振光。图 2-23 表示自然光通过起偏器和检偏器的变化情况。

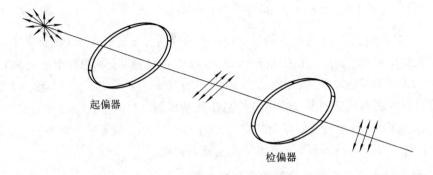

图 2-23　自然光通过起偏器和检偏器的变化情况

【实验仪器】

半导体激光器(波长为 650 nm,激光器配有 3 V 专用直流电源),两个固定在转盘上、直径为 2 cm 的偏振片(注意:转盘上的 0 读数位置不一定是偏振轴所指的方向),两个固定在转盘上,直径为 2 cm 的 1/4 波片(注意:转盘上的 0 读数位置不一定是 1/4 波片的快轴或慢轴位置),带光电接收器的数字式光功率计(量程有 2 mW 和 200 μW 二挡),光具座,手电筒。

【实验内容】

实验采用波长为 650 nm 的半导体激光器,它发出的是部分偏振光,为了得到线偏振光,需要在它前面加块起偏器 P。为了使实验现象最明显,要使透过起偏器 P 的线偏振光光强最强,即使偏振片的偏振轴与激光最强的线偏振分量一致。将各偏振元件按图2-24放好,暂时先不放入波片 C 和检偏器 A。先使 P 的偏振轴与激光最强的线偏振分量方向一致,这时光功率计读数最大,透过起偏器 P 的线偏振光功率最大。

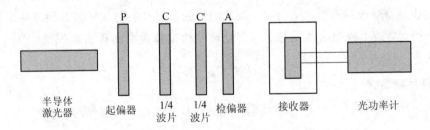

图 2-24　验证 1/4 波片作用的光路图

先使 A 的偏振轴与激光的电矢量垂直,因此出现消光现象,记下偏振片 A 消光时的位置读数 A(0)。然后将 1/4 波片 C 放在 A 前面,旋转 C,使再次出现消光现象,这时 1/4 波片的快轴与激光电矢量方向平行或垂直,记下 1/4 波片 C 消光时的位置读数 C(0)。

1. 1/4 波片的作用

旋转 1/4 波片 C,以改变其快(或慢)轴与入射线偏振光电矢量(即偏振片 P 偏振轴方向)之间夹角 θ。当 θ 分别为 15°、30°、45°、60°、75°、90°时,将 A 逐渐旋转 360°,观察光强的变化情况(通过光功率计观察),记下二次最大值和最小值,并注意最大和最小值之间偏振片 A 是否转过约 90°，并由此说明 1/4 波片出射光的偏振情况。

2. 圆、椭圆偏振光的鉴别

单用一块偏振片无法区别圆偏振光和自然光，也无法区分椭圆偏振光和部分偏振光，请设计一个实验，要求用一块 1/4 波片产生圆偏振光或椭圆偏振光，再用另一块 1/4 波片将其变成线偏振光。(该线偏振光的振动方向是否还和原来一致)记录下实验过程和实验结果，通过这个实验，想一想：是否可借助于 1/4 波片把圆偏振光和自然光区分开来，把椭圆偏振光和部分偏振光区分开来，为什么？

3. 1/2 波片的作用(可以直接选配 1/2 波片完成此实验)

(1) 如图 2-24 所示的装置中，在 A 和 C 分别处于 A(0) 和 C(0) 位置时，在 C 和 A 之间再插入一个 1/4 波片 C′，使 C 和 C′组成一个 1/2 波片，请考虑如何实现这一要求？

(2) 在 P 和 A 之间放入由 C 和 C′组成的一个 1/2 波片，将此波片旋转 360°，能看到几次消光？请加以解释。

(3) 将 C 和 C′组成的 1/2 波片任意转过一个角度，破坏消光现象，再将 A 旋转 360°，又能观察到几次消光现象？为什么？

(4) 改变由 C 和 C′组成的 1/2 波片的快(或慢)轴与激光振动方向之间夹角 θ 的数值，使其分别为 15°、30°、45°、60°、75°、90°。旋转 A 到消光位置，记录相应的角度 θ'，解释实验结果，并由此了解 1/2 波片的作用。

4. 验证马吕斯定律

利用连续通过两个偏振器的偏振光，调出不同强度的光强，测量检偏器出射光强 I 与转角 φ 的关系。

(1) 半导体激光器输出激光为部分偏振光，在其后面放入起偏器，并用探测器测量经起偏器出射的光强。当检测至最大光强时，起偏器光轴与部分偏振光最强方向一致。

(2) 在起偏器与探测器间加入检偏器，转动检偏器测量检偏器出射的最大光强，记为 I_0，应反复多测几次，求平均值 $\overline{I_0}$ 和检偏器读数。(思考：为何必须反复多测几次求平均值？)以 $\overline{\varphi_0}$ 作为 0° 角。然后，每隔 10° 或 15° 改变角度，测量由检偏器出射的光强 I，以 $\ln \cos \theta$ 为自变量，$\ln I$ 为应变量，对 $\ln I - \ln \cos \theta$ 进行直线拟合，求得函数 $I = I_0 \cos^n \varphi$ 中的 n 及相关系数 r，以此证明马吕斯定律。

2.8 固体介质折射率的测定

【实验目的】

(1) 学习偏振光的基本知识。测量激光源的偏振度，确定偏振片的偏振方向，并能调节出平行入射面或垂直入射面的偏振光。

(2) 用布鲁斯特定律测定玻璃的折射率。

【实验原理】

1. 线偏振光的获得

用于产生线偏振光的元件叫起偏器，用于鉴别偏振光的元件叫检偏器，二者可通用，仅是放在光路前后不同位置而已。

偏振片产生线偏振光的原因：某些晶体(如碘化硫酸奎宁和电气石等)对互相垂直的两个分振动具有选择吸收的性能，只允许一个方向的光振动通过，于是透射光变为线偏振光。

偏振度的定义

$$P = \frac{I_{\max} - I_{\min}}{I_{\max} + I_{\min}}$$

线偏振光 $P=1$，自然光 $P=0$，部分偏振光 $0<P<1$。

2. 布鲁斯特定律

当自然光入射到折射率分别为 n_1 和 n_2 的两种介质的分界面上时，反射光和折射光都是部分偏振光，当入射角改变时，反射光和折射光的偏振程度也随之改变。

当入射角 θ_0 满足：$\tan\theta_0 = \dfrac{n_2}{n_1}$ 时，反射光就成为线偏振光，其振动面垂直于入射面，即只剩 S 光，P 光消失。本实验采用 P 光入射，当入射角等于布鲁斯特角时，反射光强度为 0。利用这种"零值法"可以测出玻璃介质的折射率。

【实验仪器】

半导体激光器、光具座、一块带转盘的偏振片、水平转盘及样品架、光功率计、光探测器、三块滑块(其中有一块带转臂)、样品砖(两面分别贴有标准玻璃 1 号(折射率为 1.51)和待测玻璃 2 号)。

【实验内容】

1. 激光源的偏振度

实验装置如图 2-25 所示。

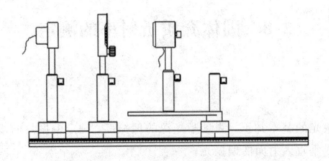

图 2-25　测量激光源的偏振度实验装置

转动偏振片，读出光功率计的最大值 $I_{\max}$ 和最小值 $I_{\min}$，算出偏振度。

2. 测定样品玻璃 2 号的折射率

1）确定偏振片的偏振轴方向

注意：转盘上的 0 读数位置不一定是偏振轴所指方向，需要学生自己确定出来。标定方法如下：

（1）在半导体激光器后面放上一块偏振片，把折射率为 1.51 的标准玻璃样品放在水平转台上并固定好，注意使水平转台的中心轴线处于玻璃的反射面（上表面）内，保证从水平转台准确读出入射角和反射角。光探测器装在转臂上，接收反射光。

（2）把光功率计上的 3 V 电源接到激光头上，调整激光头前的聚焦螺母使到达玻璃片上的激光聚焦成一个亮点（一般出厂时已调好）。调整激光头使光点照在水平转台的中心轴线上，这同样是为了保证从水平转台准确读出入射角和反射角。

（3）转动水平转台，使玻璃片的反射光与入射光重合，读出此时水平转台的角度 θ，然后转动水平转台，使激光的入射角为标准玻璃样品（折射率为 1.51）的布鲁斯特角，即转到 $\theta + 56.5°$；转动转臂，使反射光射到光探测器的中心位置。

（4）转动偏振片，观察光功率计的读数，转到读数最小的位置，记下此时偏振片上的角度值 φ，此时，偏振片的偏振轴位于水平方向。此时透过偏振片的光即 P 光（入射面即水平面）。

注意：转动偏振片过程中会出现四个极小值，只能取其中最小的两个，另外两个是由于半导体激光器发出的部分偏振光造成的。

标定偏振片的偏振轴方向的装置如图 2-26 所示。

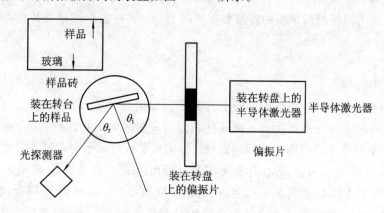

图 2-26　确定偏振片的偏振方向的装置图

2）测量玻璃样品 2 号的折射率

在上一步的基础上，把样品砖反个面，按上一步所述放好（注意：保持偏振片角度不变，确保 P 光入射），测量不同入射角下的反射光强（实验光路见图 2-26）。光强最小的位置即布鲁斯特角的位置。由此角度算出该玻璃的折射率。

注意：光功率计不需要调零，只要注意激光光强等于总光强减掉环境光强即可。

1. 测定激光源的偏振度

光功率计的最大值 $I_{max}=418\ \mu\text{W}$，最小值 $I_{min}=12\ \mu\text{W}$。

偏振度为

$$P=\frac{I_{max}-I_{min}}{I_{max}+I_{min}}=\frac{418-12}{418+12}=0.944$$

2. 测定样品玻璃 2 号的折射率

（1）确定偏振片的偏振方向。

玻璃 $n=1.51$，其布鲁斯特角 $\theta_B=\arctan n=56.5°$。

（2）测量玻璃样品 2 号的折射率。

水平转台起始角度 $\theta=230°$（即正入射时转台的角度），测量不同入射角下的反射光强。光强最小的位置即布鲁斯特角的位置。由此角算出该玻璃样品的折射率。

2.9　单缝、单丝衍射实验

【实验目的】

（1）观察单缝、单丝、小孔的夫琅和费衍射现象，了解缝宽、线径、孔径变化引起衍射图样变化的规律，加深对光的衍射理论的理解。

（2）利用衍射图样测量单缝的宽度和单丝的直径，并将实验结果与其他方法测量的结果进行比较。

【实验原理】

由夫琅和费衍射可知，光源发出的平行光垂直照射在单缝（或单丝）上，根据惠更斯-菲涅耳原理，单缝上每一点都可以看成是向各方向发射球面子波的新波源，波在接收屏上叠加形成一组平行于单缝的明暗相间的条纹。为实现平行光的衍射，即要求光源 S 及接收屏到单缝的距离都是无限远或相当于无限远，因而实验中借助两个透镜来实现，如图2-27 所示。位于透镜 L_1 的前焦平面上的"单色狭缝光源"S，经透镜 L_1 后变成平行光，垂直照射在单缝 d 上，通过单缝 d 衍射在透镜 L_2 的后焦平面上，呈现出单缝的衍射光样，它是一组平行于狭缝的明暗相间的条纹，如图 2-28 所示。

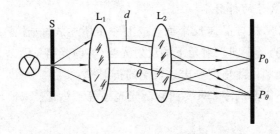

图 2-27　单缝、单丝衍射实验装置图

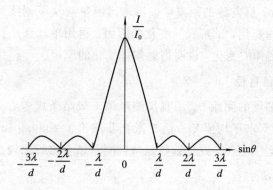

图 2-28 单缝衍射条纹

和单缝平面垂直的衍射光束会聚于接收屏上 $x=0$ 处（P_0 点），是中央亮条纹的中心，其光强度为 I_0；与光轴成角 θ 的衍射光束会聚于 P_θ 处，由惠更斯-菲涅耳原理可得 P_θ 处的光强 I_θ 为

$$I_\theta = I_0 \frac{\sin^2 u}{u^2}, \quad u = \frac{\pi d \sin\theta}{\lambda}$$

式中：d 为狭缝宽度；λ 为单色光波长；θ 为衍射角，当 $\theta=0$ 时，$I=I_0$ 是中央主极大。当 $\sin\theta = k\lambda/d$ 时，出现暗条纹，其中 $k=\pm1$, ±2, …，在暗条纹处，光强 $I=0$。由于 θ 很小，故 $\sin\theta \approx \theta$，所以近似认为暗条纹出现在 $\theta = k\lambda/d$。中央亮条纹的角度 $\Delta\theta = 2\lambda/d$，其他任意两条相邻暗条纹之间的夹角 $\Delta\theta = \lambda/d$，即暗条纹以 $x=0$ 处为中心，等间距地左右对称分布。除中央亮条纹以外，两相邻暗条纹之间的宽度是中央亮条纹宽度的 1/2。当使用激光器作为光源时，由于激光器的准直性，可将透镜 L_1 去掉。如果屏远离单缝（或金属丝），则透镜 L_2 也可省略。

当单缝至屏的距离 $z \gg d$ 时，θ 很小，此时 $\sin\theta \approx \tan\theta = x_k/z$，所以各级暗条纹衍射角应为

$$\sin\theta \approx \frac{k\lambda}{d} = \frac{x_k}{z} \tag{2-22}$$

所以单缝的宽度为

$$d = \frac{k\lambda z}{x_k} \tag{2-23}$$

式中：k 为暗条纹级数；z 为单缝至屏之间的距离；x_k 为第 k 级暗条纹距中央主极大中心位置的距离。

【实验仪器】

光具座、半导体激光器（波长 650 nm）及转盘、单缝（三种缝宽）、单丝（三种线径）架、小孔架（板）、屏、米尺、直尺、读数显微镜、激光器专用电源。

【实验内容】

1. 观察夫琅和费单缝衍射、单丝衍射和小孔衍射

将半导体激光器和单缝通过滑块和支架放置于光具座上，屏通过滑块放在桌面上，屏

与单缝的间距大于 1 m。屏与缝的距离可以用米尺测量滑块下刻线间距而得到。观察不同缝宽时屏上衍射图样的变化，试解释其变化的原因；再用单丝和小孔替代单缝观察不同线径或孔径时屏上衍射图样的变化，说明衍射图样变化的原因。

2. 测量某金属细丝直径

用米尺测量屏与细丝的间距 z。用直尺测量第 k 级暗条纹中心与第 $-k$ 级暗条纹中心的距离 $2X_k$，测量 5 次，求平均值 $\overline{X}_k$。已知激光器波长 $\lambda = 650.0$ nm，将实验数据代入式 (2-23) 中，求金属细丝直径 d，并与读数显微镜测量结果进行比较。

3. 测量单缝宽度 d

用上述方法测量单缝宽度 d，并与读数显微镜测量结果进行比较。

2.10　温度传感器的温度特性测量实验

【趣味知识】

温度传感器(temperature transducer)是指能感受温度并转换成可用输出信号的传感器。温度传感器是温度测量仪表的核心部分，它品种繁多，按测量方式可分为接触式和非接触式两大类，按照传感器材料及电子元件特性分为热电阻和热电偶两类。

近年来，我国工业现代化的进程和电子信息产业连续高速增长，带动了传感器市场的快速上升。温度传感器作为传感器中的重要一类，占整个传感器总需求量的 40% 以上。温度传感器是利用 NTC 的阻值随温度变化的特性，将非电学的物理量转换为电学量，从而可以进行温度精确测量与自动控制的半导体器件。温度传感器的用途十分广阔，由于可用作温度测量与控制，温度补偿，流速、流量和风速测定，液位指示，温度测量，紫外光和红外光测量，微波功率测量等而被广泛应用于彩电、电脑彩色显示器、切换式电源、热水器、电冰箱、厨房设备、空调、汽车等领域。

【实验目的】

(1) 学习用恒电流法测量热电阻。

(2) 学习用直流电桥法测量热电阻。

(3) 测量铂电阻温度传感器(Pt100)的温度特性。

(4) 测量热敏电阻(负温度系数)温度传感器 NTC-1K 的温度特性。

(5) 测量 PN 结温度传感器的温度特性。

(6) 测量电流型集成温度传感器(AD590)的温度特性。

【实验原理】

"温度"是一个重要的热学物理量，它不仅和我们的生活环境密切相关，在科研及生产过程中，温度的变化对实验及生产的结果也至关重要，所以温度传感器应用广泛。温度传感器是利用一些金属、半导体等材料与温度相关的特性制成的。常用的温度传感器的类型、测温范围和特点见表 2-1。

表 2 - 1　常用的温度传感器的类型和特点

类型	传感器	测温范围/℃	特　　点
热电阻	铂电阻	$-200\sim650$	准确度高、测量范围大
	铜电阻	$-50\sim150$	
	镍电阻	$-60\sim180$	
	半导体热敏电阻	$-50\sim150$	电阻率大、温度系数大、线性差、一致性差
热电偶	铂铑－铂（S）	$0\sim1300$	用于高温测量、低温测量两大类，必须有恒温参考点（如冰点）
	铂铑－铂铑（B）	$0\sim1600$	
	镍铬－镍硅（K）	$0\sim1000$	
	镍铬－康铜（E）	$-200\sim750$	
	铁－康铜（J）	$-40\sim600$	
其他	PN 结温度传感器	$-50\sim150$	体积小、灵敏度高、线性好、一致性差
	IC 温度传感器	$-50\sim150$	线性度好、一致性好

1. 恒电流法测量热电阻

恒电流法测量热电阻的电路图如图 2 - 29 所示。

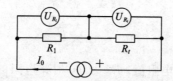

图 2 - 29　恒电流法测量热电阻的电路图

电源采用恒流源，R_1 为已知数值的固定电阻，R_t 为热电阻。U_{R_1} 为 R_1 上的电压，U_{R_t} 为 R_t 上的电压，U_{R_1} 用于监测电路的电流，当电路电流恒定时只需测出热电阻两端的电压 U_{R_t}，即可知道被测热电阻的阻值。当电路电流为 $I_\circ$ 温度为 t 时，热电阻 R_t 为

$$R_t = \frac{U_{R_t}}{I_\circ} = \frac{R_1 U_{R_t}}{U_{R_1}} \tag{2-24}$$

2. 直流电桥法测量热电阻

直流平衡电桥(惠斯通电桥)的电路如图 2 - 30 所示。

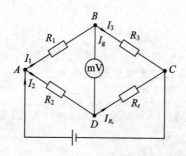

图 2 - 30　直流平衡电桥电路图

把四个电阻 R_1、R_2、R_3、R_t 连成一个四边形回路 $ABCD$，每条边称为电桥的一个"桥臂"，在四边形的一组对角接点 A、C 之间连入直流电源 E，在另一组对角接点 B、D 之间连入平衡指示仪表，B、D 两点的对角线形成一条"桥路"，它的作用是将桥路的两个端点电位进行比较，当 B、D 两点电位相等时，桥路中无电流通过，指示器为零，电桥达到平衡。当 B、D 两点电位相等，指示器指零，有 $U_{AB}=U_{AD}$，$U_{BC}=U_{DC}$，电桥平衡，电流 $I_g=0$，流过电阻 R_1、R_3 的电流相等，即 $I_1=I_3$，同理 $I_2=I_{R_t}$，可得

$$\frac{R_1}{R_2}=\frac{R_3}{R_t}$$

则

$$R_t=\frac{R_2}{R_1}R_3$$

由于 $R_1=R_2$，得到

$$R_t=R_3 \tag{2-25}$$

3. Pt100 铂电阻温度传感器

Pt100 铂电阻是一种利用铂金属导体电阻随温度变化的特性制成的温度传感器。铂的物理、化学性能极稳定，抗氧化能力强，复制性好，易工业化生产，电阻率较高。因此铂电阻大多用于工业检测中的精密测温和温度标准。缺点是高质量的铂电阻（高级别）价格十分昂贵，温度系数偏小，受磁场影响较大。按 IEC（国际电工委员会）标准，铂电阻的测温范围为 $-200\sim650$℃。铂电阻的精度与铂的提纯程度有关，铂的纯度通常用百度电阻比 $W(100)$ 表示，即

$$W(100)=\frac{R_{100}}{R_0}$$

式中：R_{100} 为 100℃时铂电阻的电阻值；R_0 为 0℃时铂电阻的电阻值。当 $R_0=10\ \Omega$ 时，称为 Pt10 铂电阻；当 $R_0=100\ \Omega$ 时，称为 Pt100 铂电阻。$W(100)$ 越高，其纯度越高，灵敏度越大，工业上用的铂电阻，$W(100)\geqslant1.385$。

铂电阻的阻值与温度之间的关系可用以下公式表示，当温度 t 在 $-200\sim0$℃之间时，其关系式为

$$R_t=R_0\left[1+At+Bt^2+C(t-100℃)t^3\right] \tag{2-26}$$

当温度在 $0\sim650$℃之间时关系式为

$$R_t=R_0(1+At+Bt^2) \tag{2-27}$$

式(2-26)、式(2-27)中，R_t、R_0 分别为铂电阻在温度 t、0℃时的电阻值，A、B、C 为温度系数，对于常用的工业铂电阻

$$A=3.908\ 02\times10^{-3}/℃$$
$$B=-5.801\ 95\times10^{-7}/℃^2$$
$$C=-4.273\ 50\times10^{-12}/℃^3$$

在 $0\sim100$℃范围内，R_t 的表达式可近似线性为

$$R_t=R_0(1+A_1t) \tag{2-28}$$

式中，A_1 为温度系数，近似为 $3.85\times10^{-3}/℃$。Pt100 铂电阻的阻值，在 0℃ 时，$R_t=100\ \Omega$；而 100℃时，$R_t=138.5\ \Omega$。

4. 热敏电阻(NTC-1K)温度传感器

热敏电阻是利用半导体电阻阻值随温度变化的特性来测量温度的，根据电阻阻值随温

度升高而减小或增大,分为 NTC 型(负温度系数)、PTC 型(正温度系数)和 CTC 型(临界温度系数)。热敏电阻电阻率大,温度系数大,但其非线性大,置换性差,稳定性差,通常只适用于一般要求不高的温度测量。以上三种热敏电阻的特性曲线见图 2-31。

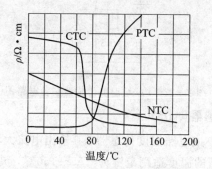

图 2-31 热敏电阻特性曲线

在一定的温度范围内(小于 450℃),热敏电阻的电阻 R_T 与温度 T 之间有如下关系:

$$R_T = R_0 e^{B\left(\frac{1}{T} - \frac{1}{T_0}\right)}$$ (2-29)

式中:R_t、R_0 是温度为 $T(K)$、$T_0(K)$ 时的电阻值(K 为热力学温度单位开);B 是热敏电阻材料常数,一般情况下 B 为 2000~6000 K。

对一定的热敏电阻而言,B 为常数,对上式两边取对数,则有

$$\ln R_T = B\left(\frac{1}{T} - \frac{1}{T_0}\right) + \ln R_0$$ (2-30)

由式(2-30)可知,$\ln R_T$ 与 $1/T$ 成线性关系,绘制 $\ln R_T$-$(1/T)$ 曲线,并用直线进行拟合,由斜率可求出常数 B。

5. PN 结温度传感器

PN 结温度传感器是利用半导体 PN 结的结电压对温度的依赖性来实现对温度的检测,实验证明,在一定电流通过的情况下,PN 结的正向电压与温度之间有良好的线性关系。通常将硅三极管 b、c 极短路,用 b、e 极之间的 PN 结作为温度传感器测量温度。硅三极管基极和发射极间正向导通电压 U_{be} 一般约为 600 mV(25℃),且与温度成反比,线性关系良好,温度系数约为 -2.3 mV/℃,测温精度较高,测温范围可达 -50~150℃。其缺点是一致性差、互换性差。

通常 PN 结组成二极管的电流 I 和电压 U 满足关系式:

$$I = I_s\left[e^{qU/kT} - 1\right]$$ (2-31)

在常温条件下,且 $e^{qU/KT} \gg 1$ 时,式(2-31)可近似为

$$I = I_s e^{qU/kT}$$ (2-32)

式(2-31)、式(2-32)中:$q = 1.602 \times 10^{-19}$;$e$ 为电子电量;$k = 1.381 \times 10^{-23}$ J/K,为玻尔兹曼常数;T 为热力学温度;I_s 为反向饱和电流。

在正向电流保持恒定的条件下,PN 结的正向电压 U 和温度 t 近似满足下列线性关系

$$U = Kt + U_{go}$$ (2-33)

式中:U_{go} 为半导体材料参数;K 为 PN 结的结电压温度系数。

实验测量电路图如图 2-32 所示。图中用恒压源串接 51 kΩ 电阻使流过 PN 结的电流

近似恒流源。

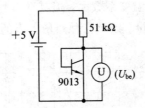

图 2 - 32 PN 结温度传感器实验电路图

6. 电流型集成温度传感器(AD590)

AD590 是一种电流型集成电路温度传感器,其输出电流大小与温度成正比。它的线性度极好,AD590 温度传感器的温度适用范围为 $-55\sim150℃$,灵敏度为 1 μA/K。它具有高准确度、动态电阻大、响应速度快、线性好、使用方便等特点。AD590 是一个二端器件,电路符号如图 2 - 33 所示。

图 2 - 33 AD590 电路符号

AD590 等效于一个高阻抗的恒流源,其输出阻抗大于 10 MΩ,能大大减小因电源电压变动而产生的测温误差。

AD590 的工作电压为 4~30 V,测温范围是 $-55\sim150℃$。对应于热力学温度 T,每变化 1 K,输出电流变化 1 μA。其输出电流 $I_0(\mu A)$ 与热力学温度 $T(K)$ 严格成正比。其电流灵敏度表达式为

$$\frac{I}{T} = \frac{3k}{eR} \ln8 \qquad (2-34)$$

式中:k、e 分别为波尔兹曼常数和电子电量;R 为内部集成化电阻。将 $k/e=0.0862$ mV/K,$R=538$ Ω 代入式(2-34)中得到

$$\frac{I}{T} = 1.000 \ (\mu A/K) \qquad (2-35)$$

在 $T=0(K)$ 时,其输出为 273.15 μA(AD590 有几种级别,一般准确度差异在 $\pm3\sim5$ μA)。因此,AD590 的输出电流 I 的微安数就代表着被测温度的热力学温度值(K)。

AD590 的电流-温度($I-T$)特性曲线如图 2 - 34 所示。

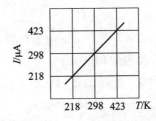

图 2 - 34 AD590 的电流-温度($I-T$)特性曲线

其输出电流表达式为

$$I = A\theta + B \tag{2-36}$$

式中：A 为灵敏度；B 为 0℃ 时的输出电流。

如需显示摄氏温标(℃)，则要加温标转换电路，其关系式为

$$t = T + 273.15 \tag{2-37}$$

AD590 温度传感器的准确度在整个测温范围内小于等于 ±0.5℃，线性极好。利用 AD590 的上述特性，在最简单的应用中，用一个电源、一个电阻、一个数字式电压表即可用于温度的测量。由于 AD590 以热力学温度 K 定标，在摄氏温标应用中，应该进行℃的转换。实验测量电路如图 2-35 所示。

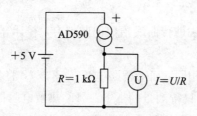

图 2-35　实验测量电路

【实验仪器】

FD-TTT-A 温度传感器温度特性实验仪(含精密智能控温加热系统、恒流源、直流电桥、Pt100 铂电阻温度传感器、NTC-1K 热敏电阻温度传感器、PN 结温度传感器、电流型集成温度传感器 AD590、电压型集成温度传感器 LM35、数字电压表、实验插接线等)。

【实验内容】

1. Pt100 铂电阻温度特性的测量

1）恒电流法

插上恒流源，监测 R_1 上的电流是否为 1 mA(即 $U_1 = 1$ V，$R_1 = 1$ kΩ)。将控温传感器 Pt100 铂电阻(A 级)插入干井炉的中心井，另一只待测试的 Pt100 铂电阻插入另一井，从室温起开始测量，然后开启加热器，每隔 10℃ 控温系统设置一次，控温稳定 2 min 后，用式(2-24)测量、计算 Pt100 铂电阻的阻值，到 100℃ 为止。用最小二乘法直线拟合，并计算温度系数 A 和相关系数 r。

注意：

① 一般冬季可取 20~80℃，夏季可取 40~100℃，0℃ 可用冰点来测量；

② 如需节省时间，控温系统可每隔 5℃ 设置一次。

2）直流电桥法

插上桥路电源(+2 V)，将控温传感器 Pt100 铂电阻(A 级)插入干井炉中心井，另一只待测试的 Pt100 铂电阻插入另一井，从室温起开始测试，然后开启加热器，每隔 10℃ 设置一次控温系统，控温稳定 2 min 后，调整电阻箱 R_3 使输出电压为零，电桥平衡，则按式

(2-25)测量、计算待测 Pt100 铂电阻的阻值。

将测量数据用最小二乘法直线拟合，并计算温度系数 A_1 和相关系数 r。

2. NTC 热敏电阻温度特性的测试

1）恒电流法

与 Pt100 铂电阻的测试相同，插上恒流源，监测 R_1 上电流是否为 1 mA（即 $U_1=$ 1.00 V，$R_1=1$ kΩ）。将控温传感器 Pt100 铂电阻（A 级）插入干井炉的中心井，另一只待测试的 NTC-1K 热敏电阻温度传感器插入另一井，从室温起开始测试，然后开启加热器，每隔 10℃ 设置一次控温系统，控温稳定 2 min 后按式（2-24）测试、计算 NTC-1K 热敏电阻的阻值，到 100℃ 为止。

将测量数据用最小二乘法进行曲线指数回归拟合，并计算温度系数 B 和相关系数 r。

2）直流电桥法

与 Pt100 铂电阻的测量相同，插上桥路电源（+2 V），将控温传感器 Pt100 铂电阻（A 级）插入干井炉中心井，另一只待测量的 NTC-1K 热敏电阻插入另一井，从室温起开始测量，然后开启加热器，每隔 10℃ 设置一次控温系统，控温稳定 2 min 后，调整电阻箱 R_3 使输出电压为零，按式（2-25）测量、计算得到 NTC-1K 热敏电阻的阻值。

将测量数据用最小二乘法直线拟合，并计算温度系数 A 和相关系数 r。

3. PN 结温度传感器温度特性的测试

将控温传感器 Pt100 铂电阻（A 级）插入干井炉中心井，PN 结温度传感器插入干井炉的一个井内。按要求插好连线，从室温开始测量，然后开启加热器，每隔 10℃ 控温系统设置温度并进行 PN 结正向导通电压 U_{be} 的测量。

将测量数据用最小二乘法直线拟合，并计算温度系数 A 和相关系数 r。

注意：本实验用恒压源串接 51 kΩ 大电阻近似达到恒流源效果，直接用恒流源做实验时请跳过 51 kΩ 电阻，试用上述两种方法分别做出结果并比较相关系数。

4. 电流型集成温度传感器（AD590）温度特性的测试

（1）按面板指示要求插好连接线，并将温度设置为 25℃（25℃ 位置进行 PID 自适应调整，保证达到（25±0.1）℃ 的控温精度）。将控温传感器 Pt100 铂电阻插入干井炉中心井，温度传感器 AD590 插入另一个干井炉孔中，升温至 25℃。温度恒定后测试 1 kΩ 电阻（金属膜精密电阻）上的电压是否为 298.15 mV。

注意：

① 上述实验的环境温度必须低于 25℃；

② AD590 输出电流定标温度为 25℃，输出电流为 298.15 μA，0℃ 时则为 273.15 μA。

（2）将干井炉温度设置为从最低室温起测量，每隔 10℃ 设置一次控温系统，每次待温度稳定 2 min 后，测试 1 kΩ 电阻上的电压。

I 为从 1.000 kΩ 电阻上测得电压后计算所得（$I=U/R$）。将测量数据用最小二乘法进行直线拟合，并计算温度系数 A 和相关系数 r。

2.11   用计算机实测技术研究冷却规律

【背景知识】

当今，计算机已广泛地深入到各领域，并发挥着越来越巨大的作用。它以运算速度快、体积小、可靠性高、通用性与灵活性强，以及很高的性能价格比等特点，把人们带入了一个离不开计算机的新时代。计算机在科技研究领域也同样得到了广泛的应用，传统的实验方法和测试手段与计算机相结合，使实验技术产生了巨大的变革，大大提高了实验的水平，给科学研究带来了新的突破。

在物理实验中，利用计算机对各种物理量进行监视、测量、记录和分析，可准确地获取实验的动态信息，有利于提高实验精度和研究瞬态过程，更可以节约工作人员的劳动强度和工作量，使过去在规定的时间内不能完成的物理实验得以很好的完成。学习计算机实测物理实验，可为今后在各种物理实验和科学研究工作中，熟悉并正确采用计算机技术打下基础。

【实验目的】

(1) 了解计算机实时测量的基本方法。
(2) 加深对冷却规律的认识。

【实验原理】

发热体传递热量通常有三种方式：辐射、传导和对流。

当发热体处于流体中时，才能以对流的方式传递热量，此时在发热体表面，邻近的流体层首先受热，而通过流体的流动将热量带走。

通常，对流可分为两种：自然对流和强迫对流。前者是由于发热体周围的流体因温度升高而密度变化，从而形成的对流；后者是由外界的强迫作用来维持发热体周围流体的流动。

在稳态时，发热体因对流而散失的热量可由下式表示

$$\frac{\Delta Q}{\Delta t} = E(\theta - \theta_0)^m \tag{2-38}$$

式中：$\frac{\Delta Q}{\Delta t}$表示在单位时间内发热体因对流而散失的热量；$\theta$为发热流体表面的温度；$\theta_0$为周围流体的温度（一般为室温）；式中 E 与流体的比热容、密度、黏度、导热系数以及流体速度的大小和方向等有关。当流体是气体时，m 与对流条件有关：在自然对流条件下，$m = \frac{5}{4}$；在强迫对流时，若流体的流动速度足够快，而使发热体周围流体的温度始终保持为 θ_0 不变，则 $m = 1$。

由量热学可知，对一定的物体，单位时间损失的热量与单位时间温度的下降值成正比，即

$$\frac{\Delta Q}{\Delta t} = m_物 C \left(\frac{\Delta \theta}{\Delta t}\right) \tag{2-39}$$

式中：$m_物$ 为物体的质量；C 为物体材料的比热容。以式(2-39)代入式(2-38)，可得

$$\frac{\Delta \theta}{\Delta t} = \frac{E}{m_物 C}(\theta - \theta_0)^m$$

令 $k = E/(m_物 C)$，则上式可写成

$$\frac{\Delta \theta}{\Delta t} = k(\theta - \theta_0)^m$$

如以微分形式表示，则有

$$\frac{d\theta}{dt} = k(\theta - \theta_0)^m \tag{2-40}$$

数据处理方式：系统的数据采集速率是 2 点/s，而数据处理时系统则是每 4 个数据取出一个数据来进行处理。若对式(2-40)两边取对数，即

$$\log\left(-\frac{d\theta}{dt}\right) = m \log(\theta - \theta_0) + \log(-k)$$

将曲线方程转换成直线方程 $Y = Kx + B$ 的形式（其中 $Y = \log(-d\theta/dt)$；$x = \log(\theta - \theta_0)$）。系统软件对每个数据都求出 $\log(-d\theta/dt)$ 和 $\log(\theta - \theta_0)$，然后把相应的数据在直角坐标中描点处理，并对数据点进行直线拟合，求出相应的 K 和 B，从而得到所需的实验数据 m（计算机直线拟合得到的斜率等于 m）。

【实验仪器】

实验装置由电阻加热器、风扇、AD590 温度传感器、电流-电压变换器、通用接口和计算机组成，如图 2-36 所示。

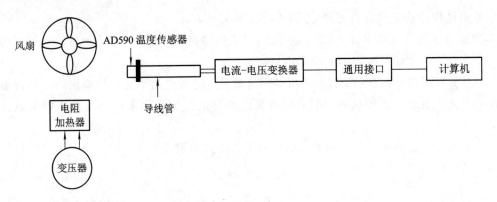

图 2-36　冷却规律实验装置图

AD590 是一种电流型的集成温度传感器，在 $-50 \sim +150\,℃$ 温度范围内，其输出电流和温度成线性关系，其灵敏度为 $1\,\mu A/℃$。

【实验内容】

(1) 用七芯航空插头电缆线将主机箱后面板上的信号输出端口 2 和计算机实测物理实验仪接口后面板上的信号输入端口连接。

(2) 进入冷却规律实验界面，并按下主机箱前面板上的温度测量开关。

（3）将温度传感器平稳放置在空气中，选择常温测量，并点击"开始采集"按钮进行温度测量，得到室温曲线，室温测试曲线如图 2-37 所示。根据环境的实际情况选择不同的采样时间，一般采样 60 s 左右。点击"停止采集"按钮结束温度采集，并把常温 θ_0 设置成所采集的室内温度的平均值。

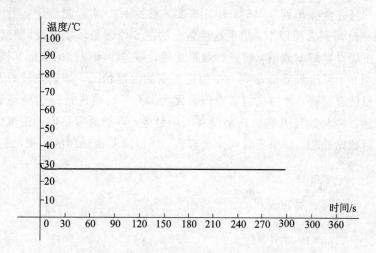

图 2-37　室温测试曲线

（4）将温度传感器头部放置于加热器中，点击"开始采集"按钮进行温度测量，并点击"开始加热"按钮，对传感器进行加热，当温度达到 95℃ 时，把温度传感器从加热器中取出，平稳地放置在空气中，然后进入下一步冷却规律实验。取出传感器后一定要点击"停止加热"按钮取消加热（如果温度传感器加热到 95℃，系统会自动取消对温度传感器加热）。

（5）选择"冷却测量"进入冷却测量过程。把温度传感器从加热器中取出后，点击"开始采集"按钮进行温度测量。采样 360 s 后，温度接近室温时，点击"停止采集"，结束温度采集。采样后的曲线如图 2-38 所示。点击"取对数法"按钮进行数据处理，再点击"直线拟合"后求出 m_1，最后，点击"返回"按钮，返回冷却规律实验主界面。

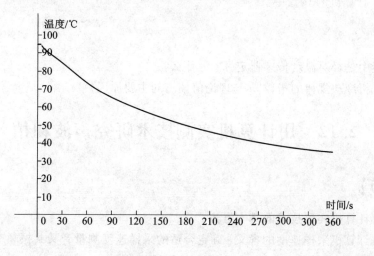

图 2-38　自然冷却曲线

（6）用风扇将温度传感器吹到室温温度，在风扇风吹的情况下再次测量室温（在风吹的情况下测量室温的目的是为了保证传感器在强迫冷却时的流体温度和测量的室温一致），记录室温的平均值。

（7）强迫冷却：重复实验内容（3）后面的步骤，进行强迫冷却时，温度传感器须在风扇下进行冷却，并且完全冷却到常温时，停止采集，求得 m_2。实验过程中，温度传感器常常冷却不到常温或冷却到常温以下。出现这种情况的主要原因是环境温度（即流体温度）发生变化，这时应正确设置好室温值，再进行数据处理。强迫冷却规律的波形如图 2-39 所示，从曲线中可以看出，温度最终冷却到一个稳定不变的温度值 t_0。如果测量的常温值与 t_0 不相符，说明常温已有漂移，此时应将常温值设置为 t_0，然后再进行强迫冷却规律的数据处理。即温度传感器冷却到其温度值几乎没有下降趋势，再把最后稳定的温度值设置成常温值，最后再进行数据处理。如果实验误差比较大，应排除其他热源的干扰，进行多次实验。

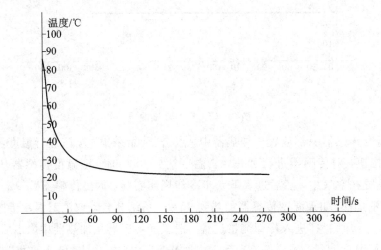

图 2-39　强迫冷却曲线

（8）若需保存相应的数据或图片，点击"保存数据"或"保存图片"按钮，系统会把相应的数据保存在计算机的 C 盘中。

【思考题】

（1）实验中是否对温度传感器定标？为什么？

（2）请分析冷却规律的指数 m 与理论值偏离的主要原因。

2.12　用计算机实测技术研究声波和拍

【实验目的】

（1）了解计算机实测技术的基本方法。

（2）了解计算机采样速度的含义，确定合适的采样速度测量音叉共振频率。

（3）用计算机测量喇叭振动与音叉振动产生声音合振动的拍频 $\nu_{拍}$。

【实验原理】

声波是机械纵波。当弹性介质的某一部分离开它的平衡位置时，就可以引起这部分介质在平衡位置振动，波动方程为

$$y = y_m \cos \frac{2\pi}{\lambda}(x - vt)$$

式中：y_m 为振动幅度；λ 为声波波长；v 为声波波速。

如果有两列波沿同一方向传播，频率分别为 ν_1 和 ν_2，根据波的叠加原理可以知道，当两列波通过空间某一点时，这两列波在该点产生的合振动是各自振动之和。

如在某一给定点，在时刻 t 时，一列波所产生的振动位移 y_1 为

$$y_1 = y_m \cos(2\pi\nu_1 t)$$

在同一点处，另一列波所产生的振动位移 y_2 为

$$y_2 = y_m \cos(2\pi\nu_2 t)$$

根据叠加原理，这两列波在该点合成的合振动位移 y 为

$$y = y_1 + y_2 = \left[2y_m \cos2\pi \left(\frac{\nu_1 - \nu_2}{2} \right)t \right] \cos2\pi \left(\frac{\nu_1 + \nu_2}{2} \right)t \qquad (2-41)$$

由上式可知，这两列波在该点产生的合振动是各自振动之和，合振动的振幅是时间的函数，这一现象称为拍。合振动振幅的最大值由 $\cos2\pi \left(\dfrac{\nu_1 - \nu_2}{2} \right)t$ 决定，由于振幅所涉及的是绝对值，故其变化周期即 $\left| \cos2\pi \left(\dfrac{\nu_1 + \nu_2}{2} \right)t \right|$ 的周期，它由 $2\pi \left(\dfrac{\nu_1 + \nu_2}{2} \right) = \pi$ 决定，故振幅变化频率为

$$\nu = | \nu_1 - \nu_2 | \qquad (2-42)$$

即两列波的频率之差，ν 称为拍频。

【实验仪器】

实验装置如图 2-40 所示，包括音叉、共鸣箱（一端开口）、小橡皮锤、喇叭、信号发生器、拾音器、通用硬件接口、计算机。拾音器为电话机话筒，其频率范围为 100 Hz～10 kHz。

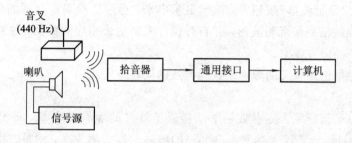

图 2-40　音叉振动频率及拍频测量装置

【实验内容】

(1) 主机箱后面板上的功率信号输出端口与单摆和弹簧振子实验装置上的扬声器输入

接口连接。

（2）计算机实测物理实验仪接口前面板上的 A/D 转换通道 A 与单摆和弹簧振子实验装置上的拾音器信号输出端口连接。

（3）进入"声波和拍实验"界面。

（4）点击"理论模拟"按钮，进入"声波和拍实验模拟"界面。声波和拍实验模拟界面如图 2-41 所示，设置好音叉频率和扬声器频率，点击"显示波形"即可以观察到理论上的波形。观测波形时，可以伸缩横坐标来观测伸缩后的波形图，通过观测各种音叉频率和扬声器频率组合下的波形，可以了解声波波形和拍的形成原理。

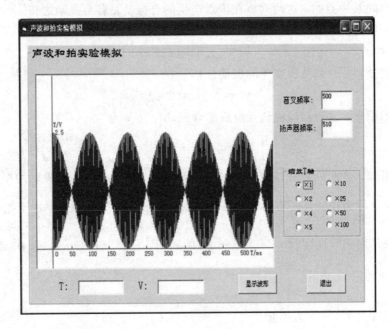

图 2-41　拍的波形图

（5）观测音叉固有频率 ν_1。

退出声波和拍实验模拟界面，开始声波和拍实验。调节好 A/D 转换通道 A 的放大倍数。用小橡皮锤敲击音叉，音叉发生振动，该振动在空气中激发声波。将共鸣箱开口放置于拾音器处，点击"开始采集"按钮，采集信号，稍等片刻后点击"获取数据"按钮，获取信号信息，并点击"显示波形"按钮，将波形显示出来。通过选择确定合适的采样速率，选择不同的横坐标伸展倍率来观测波形，并自行设计表格记录相应的数据。最终确定好合适的采样速率和音叉的固有频率。

思考如何根据已知音叉的频率来选择合适的采样速度？

（6）拍频观测。

调节信号发生器频率，使喇叭频率 ν_2 接近于音叉的固有频率 ν_1，即分别使 $\nu_2 - \nu_1 \approx \pm 15$ Hz、± 10 Hz、± 5 Hz。信号源（喇叭）的频率 ν_2 以实测为准，测量方法和测量音叉固有频率一样。调节信号发生器幅度，使喇叭产生的声波接近于音叉产生的声波在同一位置幅度的平均值，在喇叭和音叉发声的状态下，用拾音器检测空间某一点处两个振动的合振动，检测方法和上述方法一样，然后记录实验数据。

（1）观测拍频的时候如何选择喇叭的振幅和频率？

（2）由实验结果得出拍频和两列波的振动频率 ν_1 和 ν_2 之间的关系。

（3）思考如何根据已知音叉的频率来选择合适的采样速度？

2.13 用计算机实测技术研究弹簧振子的振动

【实验目的】

（1）了解计算机实时测量的基本方法。

（2）加深对弹簧振子的振动规律的认识。

（3）了解几种测量弹簧振子周期的方法（超声波测距和测试弹簧所受拉力的方法）。

【实验原理】

将一根劲度系数为 k 的弹簧上端固定，下端系一个质量为 m 的物体，以物体的平衡位置为坐标原点，根据胡克定律，在弹簧的弹性限度内，物体离开平衡位置的位移与它所受到弹力的关系为

$$F = -kx \qquad (2-43)$$

即振子所受的力 F 与弹簧的伸长（或压缩）量成正比。

若忽略空气阻力，根据牛顿第二定律，振子所满足的运动方程为

$$m\frac{\mathrm{d}^2 x}{\mathrm{d}t^2} = -kx \qquad (2-44)$$

式中：m 为振子质量；t 为时间。

式（2-44）的解为

$$x = A\cos(\omega t + \varphi) \qquad (2-45)$$

式中：A 为振幅；$\omega = \sqrt{\dfrac{k}{m}}$ 为角频率；φ 为初相位。

式（2-45）说明振子的位移和时间的关系是按余弦规律变化的，由于弹簧振子的固有频率 $\nu = \dfrac{\omega}{2\pi}$，故

$$\nu = \frac{1}{2\pi}\sqrt{\frac{k}{m}} \qquad (2-46)$$

由式（2-46）可见，固有频率的平方与弹簧的劲度系数 k 成正比，与物体质量成反比。即 ν 反映了振动系统的固有特性，在弹簧质量 m_0 不能忽略的情况下，弹簧的有效质量近似为 $m_0/3$，即

$$\nu = \frac{1}{2\pi}\sqrt{\frac{k}{m + \dfrac{m_0}{3}}} \qquad (2-47)$$

由此可知，通过测量振子在运动过程中的振动周期，可以研究振子的固有频率与劲度系数、物体质量之间的关系。

【实验仪器】

图 2-42 为实验装置示意图。测力装置由力测量探头和放大器组成，如图 2-43 所示，A 为圆柱形磁铁，其正上方有一个霍尔传感器 C，B 为黄铜片，它下面可以挂弹簧。当黄铜片受到弹力作用时，磁铁位置发生相应的变化，磁场变化引起霍耳传感器的霍尔电势发生变化，该变化的电压正比于磁感应强度，放大后送入通用硬件接口进行 A/D 变换，然后由计算机分析、处理，为定量显示力的大小。

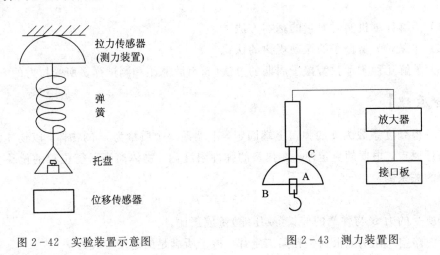

图 2-42　实验装置示意图　　　　　图 2-43　测力装置图

测距装置为超声波传感器，它发出 40 kHz 的超声波脉冲，经物体反射后，测试出超声波发射和接收的时间差，即可以得到该物体离测距装置的距离，注意托盘振动不稳也会带来测量误差，所以实验时尽量使托盘振动稳当，一般选择硬一点的弹簧，振子质量大一点。

计算机采集出各种测量信号，对其信号进行分析、处理后，得到振子振动的周期，并得到其运动规律。

【实验内容】

1. 通过超声波传感器来测试振子振动周期

（1）单摆和弹簧振子实验装置上超声波传感器对应的航空插头和主机箱前面板上对应的插孔连接。

（2）主机箱后面板上的信号输出端口 2 和计算机实测物理实验仪接口后面板上的信号输入端口连接。

（3）运行计算机实测物理实验软件，进入主界面，并选择"弹簧振子实验"项目，进入"弹簧振子实验"中的"超声波传感器测量弹簧劲度系数"实验界面。

（4）从第 1 点开始选择好测试点，并设置好相应的振子质量，使弹簧振子开始振动。然后点击"开始测试"按钮，有时由于环境原因使得托盘振动不稳，测试的波形不理想，这时可以点击"重新测试"按钮重新采样。直到采样到比较理想的波形图为止。采样时间一般为 12 s 左右，然后点击"停止采集"按钮停止采样。

（5）采集好波形以后，点击"周期分析"按钮，系统会对所采样的波形进行周期分析。分析出周期以后，点击"周期记录"按钮，系统会将刚刚采样的波形的周期值保存到相应的测量点的数据列，并计算出相应测量点的周期平均值。

（6）按照上面的操作方法，根据自己的实际情况测量多点，可选数据点在 1 点到 9 点之间。测量完成后，尚需设置好数据处理的测试点数，只可以从第 1 点开始选择。

（7）设置好弹簧的质量参数，点击"描点"，系统会自动将数据点在坐标上描绘出来。

（8）点击"直线拟合"以后，计算机将自动对数据进行直线拟合，计算出斜率、截距、相关系数等实验数据，并求出相应弹簧的劲度系数 k。

（9）可根据需要保存相应的波形图或实验数据。

（10）退出此实验界面。

2. 通过力传感器来测试振子振动周期

（1）单摆和弹簧振子实验装置上拉力传感器对应的航空插头与主机箱前面板上对应的插孔连接。

（2）主机箱后面板上的信号输出端口 2 和计算机实测物理实验仪接口后面板上的信号输入端口连接。

（3）主机箱后面板上的信号输出端口 1 和计算机实测物理实验仪接口前面板上的 A/D 转换通道 B 连接。

（4）进入"拉力传感器测量弹簧劲度系数"实验界面，并按下主机箱前面板上的拉力测量开关。点击"开始测试"按钮，调节拉力校准旋钮进行拉力校准，调节 A/D 通道 B 幅度调节旋钮，调节好拉力信号放大倍数。

（5）实验界面图和超声波传感器测试振子振动周期实验的界面相似，只不过实验采用的传感器不一样，测量振子振动周期的方法也不一样，实验操作步骤和通过超声波传感器测量振动周期的实验步骤相同。注意观看采样波形和实验 2.12 的采样波形有什么不同，并思考为什么。

【注意事项】

（1）超声波测量振子振动周期时，托盘振动应平稳。

（2）超声波传感器的测量距离控制在 $20\sim45$ cm 之间，调节好超声波传感器到托盘的距离。

（3）拉力传感器测量振子振动周期时，应调节好放大器的放大倍数。

（4）周期测量过程中，采样时间尽量长一些，以减小实验误差。

【思考题】

（1）超声波传感器为什么有一个测量盲区？

（2）分别用超声波传感器和拉力传感器测量振子振动周期，两者有什么区别？

2.14 用计算机实测技术研究单摆

【实验目的】

(1) 验证摆长 l 与周期 T 之间的关系，求出重力加速度 g。

(2) 固定摆长，测量摆角 θ_m 与周期 T 之间的关系，精确求出重力加速度 g。

(3) 求单摆振动周期 T 与摆角 θ 关系的经验公式。

【实验原理】

在一个固定点上悬挂一根不能伸长、无质量的线，并在线的末端悬一质量为 m 的质点，这就形成了单摆。这种理想的单摆实际上是不存在的，因为悬线是有质量的，实际中采用半径为 r 的金属小球来代替质点，所以只有当小球的质量远远大于悬线的质量，而它的半径又远远小于悬挂长度时，才能将小球作为质点来处理。

由单摆运动方程可得，单摆的周期与幅度的关系为

$$T = T_0 \frac{\sqrt{2}}{\pi} \int_0^{\theta_m} \frac{\mathrm{d}\theta}{\sqrt{\cos\theta - \cos\theta_m}} \tag{2-48}$$

式中：θ_m 为单摆振动的角摆幅；T_0 是当单摆的摆幅很小时($\theta_m < 3°$)单摆的周期。

$$T_0 = 2\pi \sqrt{\frac{l}{g}} \tag{2-49}$$

式中：l 为单摆的摆长(悬点到小球质心的距离)；g 为重力加速度。

当 $3° < \theta_m < 45°$时，有

$$T \approx T_0 \left(1 + \frac{1}{4} \sin^2 \frac{\theta_m}{2}\right) \tag{2-50}$$

由上式可知，当 θ_m 小于 3°时，单摆的振动周期近似与振幅无关，与测量地点的重力加速度和摆长有关。若测量出单摆的振动周期和摆长，就可以计算重力加速度的近似值。

若测出不同摆角情况下的周期，作出 $T^2 - l$ 图，通过直线拟合求斜率，就可计算重力加速度。

对于振动摆角不同的单摆，如果能测量出 T 和角摆角 θ_m 的关系，画出 $2T - \sin^2 \frac{\theta_m}{2}$ 的曲线，并外推到 $\theta_m \to 0$ 时的周期 T_0，即可精确求得重力加速度 g 的值，并求得周期 T 与摆角 θ 的经验公式。

【实验仪器】

本实验采用集成开关型霍尔传感器和单片机计时器测量单摆振动周期。集成霍尔开关应放置在小球正下方约 1.0 cm 处，而 1.1 cm 约为集成霍尔开关的感应距离。钕铁硼小磁钢放在小球的正下方，当小磁钢随小球从集成霍尔开关上方经过时，由于霍尔效应，会使集成霍尔开关的 U_{out} 端输出一个信号给计时器，计时器便开始计时。单片机对单摆通过平衡位置的次数进行计数，摆动一段时间后，停止计数和计时，单片机根据振动 N 次的总时

间和摆动次数，计算出单摆的摆动周期。单摆小球通过平衡位置两次为一个周期。

单摆的摆线固定点处有一个量角器，在单摆摆动过程中可以读出摆角。

【实验内容】

（1）在单摆和弹簧振子实验装置上将霍尔传感器对应的航空插头和主机箱前面板上对应的插孔连接。

（2）将主机箱后面板上的信号输出端口2和计算机实测物理实验仪接口后面板上的信号输入端口连接。

（3）进入单摆实验界面，选择"小摆角测量重力加速度"界面。从实验界面可以看出，同一摆长需测量三次单摆周期，并求平均值。

（4）调节好单摆摆长，在实验界面上设置好摆长参数。选择好测量点，并点击"开始测量"按钮，摆动摆球，系统将从第三次过平衡位置时，开始计数及计时。点击"停止测量"按钮可停止计数及计时，系统会自动计算出单摆的周期。

（5）重复步骤（4），使同一摆长情况下测量三个周期来求其平均值。

（6）重复步骤（4）和步骤（5）的方法测量多种摆长的情况。根据实际需要，可调节不同摆长进行实验。

（7）测量完成后，设置好需要进行数据处理的点数（只能是1～10之间的数）。点击"描点"按钮，系统把需要的数据描绘在 T^2-l 坐标图中。如果有些点由于数值太小或太大，在坐标中无法观察，则可以对纵坐标进行缩放。点击"直线拟合"按钮对所有点进行直线拟合，并分析出斜率、截距、相关系数等结果，最后求出重力加速度。

（8）在实验过程中，可以根据实际需要保存相应的数据或波形图。

（9）点击进入"大摆角测量重力加速度"界面，进行下一个大摆角测量重力加速度实验。摆长可取得大些。

（10）设置好单摆摆角，并使单摆摆动的摆角和设置的摆角对应。测量其周期，其操作方式及步骤和小摆角测量重力加速度时一样。

（11）根据需要可测量多个点，使用同小摆角测量重力加速度的方法进行数据处理。完成大摆角测量重力加速度实验后，点击"退出"按钮，退出单摆实验。

【思考题】

（1）如何保证单摆在同一平面内运动？

（2）测量单摆周期的时候会引入哪些误差？

2.15   用计算机实测技术研究点光源的光照度与距离的关系

【实验目的】

（1）了解计算机实测技术的基本方法。

（2）验证点光源的光照度与距离的关系。

【实验仪器】

实验装置由光源及电源、光敏二极管、带手柄的移动装置、暗箱、通用接口、计算机（含专用软件）等组成。

图 2-44 为实验装置简图，光探测器是全封闭的，其顶端有一个玻璃窗为受光面，灯丝长度约为 2 mm，当测量距离大于 5 cm 时，小灯泡近似可视为点光源。为了避免干扰，所有实验装置都放在暗箱里面。小灯泡以 6 V 的稳压电源供电。光探测器使用光敏二极管，是一种光电信息转换器件。

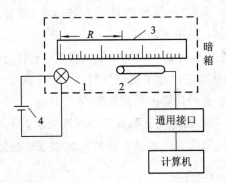

1—小电珠；2—光探测器；3—米尺；4—稳压电源

图 2-44　实验装置简图

暗箱外有一个手柄，用于调节点光源到探测器的距离，手柄转动一圈，距离变化 1 mm。

【实验原理】

任何一种光源都可以看作是由一系列点光源组成，当某光源的发光部分的长度远远小于光源到测试点的距离时，可将该光源视为点光源。

若点光源在某一方向上元立体角 $\mathrm{d}\Omega$ 内传送出的光通量为 $\mathrm{d}F$，则该点光源在给定方向上的发光强度为

$$I = \frac{\mathrm{d}F}{\mathrm{d}\Omega} \qquad (2-51)$$

发光强度在数值上等于通过单位立体角的光通量。

为了表征受照面被照明的明亮程度引入光照度

$$A = \frac{\mathrm{d}F}{\mathrm{d}S}$$

即光照度为投射在受光面上的光通量 $\mathrm{d}F$ 与该元面积 $\mathrm{d}S$ 的比值。

假设点光源 O 至元面积 $\mathrm{d}S$ 的径向量为 $\boldsymbol{r}$，并且点光源发出的元光束的光与元面积法线 N 之间的夹角为 i，元面积 $\mathrm{d}S$ 对发光点 O 所张的元立体角为

$$\mathrm{d}\Omega = \frac{\mathrm{d}S \cos i}{r^2} \qquad (2-52)$$

在此元立体角由点光源传送出的光通量为

$$\mathrm{d}F = I \frac{\mathrm{d}S \cos i}{r^2} \qquad (2-53)$$

而此光通量全部投射在元面积 dS 上，所以元面积上的照度为

$$A = \frac{dF}{dS} = \frac{I}{r^2} \cos i \qquad (2-54)$$

式中，i 为点光源到被照射的表面之间的径向量 r 与该面的法线所成的角度。可见点光源在元面 dS 上所产生的光照度与光源的发光强度成正比，与距离的平方成反比。

本实验用光探测器采集数据，观察照射在光探测器上的光强随它与点光源间距离的变化情况，总结出点光源的光强与距离的数学关系，进而验证点光源照度与距离之间的关系。实验中光强与采集的电压成正比。

【实验内容】

（1）将主机箱后面板上的信号输出端口 1 上的航空插头（五芯）取下，并将其与暗箱上的小电珠电源输入端口连接。

（2）将 A/D 转换通道 B 上的航空插头取下，并将其与暗箱上的光探测器信号输出端口连接，可调节 A/D 通道 B 的幅度调节旋钮，改变信号放大倍数。

（3）进入"点光源的光照度与距离的关系实验"界面。

（4）调节手柄，使点光源到探测器的距离为 5.5 cm 左右，通过调节 A/D 通道 B 的幅度调节旋钮确定好放大倍数，使其测量电压小于 2.5 V，一般在 1.5～2.5 V 之间。

（5）设置好点光源和光探测器的距离，点击"采集数据"按钮，系统便开始采集信号，1 s 以后即可点击"获取数据"按钮获取采集数据。每个测量点测量三次，并求平均值。

（6）可根据需要转动手柄，改变测量距离，手柄转动一周，点光源和光探测器的距离改变 1 mm，转动时注意距离的变化方向。

重复步骤（5）的内容。

（7）10 个点测量完后，点击"描点"按钮，系统会自动描绘出每个测量点的光照度对应电压 U 的平均值和 $\frac{1}{r^2}$ 之间的关系。点击"直线拟合"按钮对 10 个测量点的数据进行直线拟合。得出数据拟合的相关系数等结果并求得经验公式。

（8）需要保存实验数据时，点击"保存数据"按钮，系统会把光照度和距离的关系数据保存在计算机的 C 盘中。

【注意事项】

（1）实验时，应闭合好暗箱。

（2）点光源与探测器应对准。

（3）应调节好合适的信号放大倍数，使测量电压不能大于 2.5 V。

【思考题】

（1）如何选择光探测器的灵敏度？

（2）对探测器的信号进行放大的时候，如何调节其放大倍数最佳？

（3）在测量小灯泡到光电探测器的距离的时候会引入那些误差？对计算结果有什么影

响？应该如何修正？

2.16 用纵向磁聚焦法测定电子荷质比

带电粒子在电场与磁场中的运动规律是所有电子光学器件的设计根据，而均匀磁场对带电粒子的作用无疑是最基本的。这里研究均匀磁场对电子运动的控制，并应用于测量粒子的基本参数——荷质比。

【实验目的】

(1) 了解磁聚焦原理。
(2) 测定电子的荷质比。

【实验仪器】

实验仪器有 DHB-2 电子荷质比测定仪和 WYT-2C 直流稳压电源。

【预习提示】

(1) 什么是电子束的磁聚焦现象，怎样解释？
(2) 用磁聚焦测量电子荷质比时，当加速电压 U 一定时，可通过什么使电子磁聚？
(3) 写出间接测量荷质比的计算公式，并说明式中每一项的物理意义。

【实验原理】

测定电子荷质比的方法很多，本实验介绍纵向磁场聚焦法。这个方法是在长直螺线管内安装一支示波管，螺线管的线圈通有直流电时，管内的均匀磁感应强度 B 的方向沿螺线管的轴线方向，示波管内的电子枪发射的电子也是沿着螺线管的轴线方向飞行。为了使电子在垂直于 B 的方向上有个速度分量，在靠近电子枪的 Y 偏转板上加一个交变电压，使电子的运动方向稍微偏离螺线管的轴线。

我们知道，运动在磁场中的电子，要受到洛仑兹力的作用，洛仑兹力的公式为

$$f_L = -e[v \times B] \tag{2-55}$$

式中：e 为电子的电量；v 为电子运动的速度；B 为均匀磁场的磁感应强度。这是一个矢量积，它的大小为

$$f_L = evB \sin(v \cdot B) \tag{2-56}$$

式中，(v, B) 是电子运动方向与磁感应强度方向的夹角，洛仑兹力的方向由右手螺旋法则决定。对于运动在磁场中的电子所受的洛仑兹力，分以下三种情况予以讨论。

(1) 电子的运动方向与磁感应强度 B 的方向之间的夹角为零时，也就是

$$(v \cdot B) = 0, \quad \sin(v \cdot B) = 0$$

可得

$$f_L = 0$$

可见此时电子不受洛仑兹力的作用，而是沿着轴线方向做匀速直线运动。

（2）电子的运动方向与磁感应强度 $\boldsymbol{B}$ 的方向垂直时，即

$$(\boldsymbol{v} \cdot \boldsymbol{B}) = \frac{\pi}{2}, \quad \sin(\boldsymbol{v} \cdot \boldsymbol{B}) = 1$$

可得

$$f_{\mathrm{L}} = evB$$

f_{L} 有最大值。洛仑兹力的方向垂直于 $\boldsymbol{v}$ 与 $\boldsymbol{B}$ 组成的平面。即洛仑兹力的方向与电子运动的方向互相垂直，这正是向心力的特性。因此电子在洛仑兹力的作用下，做匀速圆周运动，如图 2-45 所示，则有

$$f_{\mathrm{L}} = evB = \frac{mv^2}{R} \tag{2-57}$$

式（2-57）中，v 为电子做圆周运动的切线速度的大小，R 为圆周的半径

$$R = \frac{v}{(e/m)B} \tag{2-58}$$

由式（2-58）可见，当磁感应强度 $\boldsymbol{B}$ 一定时，R 与 v 成正比关系，即速度大的电子做半径大的圆周运动，速度小的电子做半径小的圆周运动。

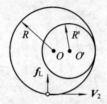

图 2-45　电子在磁场中的圆周运动

电子做圆周运动的周期为

$$T = \frac{2\pi R}{v} = \frac{2\pi}{(e/m) \cdot B} \tag{2-59}$$

式（2-59）表示电子在磁场中做匀速圆周运动的周期 T 与电子运动速度无关。请注意，这一结论很重要，不但对后面推导磁聚焦有帮助，而且它本身也是回旋加速器的理论依据。

（3）电子的运动方向 v 与磁感应强度 $\boldsymbol{B}$ 的方向有一个夹角（$0 < \theta < \pi/2$）时，有

$$f_{\mathrm{L}} = evB \sin\theta \tag{2-60}$$

这时将电子运动速度 v 分解成两个互相垂直的分量，$v_{//}$ 和 $v_{\perp}$，按运动的独立性原理，分别加以分析讨论。

① $v_{//}$ 分量，$v_{//}$ 不受洛仑兹力的影响，电子保持 $v_{//}$ 的大小，沿轴线做匀速直线运动。

② $v_{\perp}$ 分量，电子在垂直于由 $v_{\perp}$ 和 $\boldsymbol{B}$ 组成的平面内做圆周运动，可以想象电子一方面沿螺线管的轴线做匀速直线运动飞向荧屏，一方面又在垂直于 $v_{//}$ 的平面内做圆周运动，它的运动轨迹是一个像弹簧一样的螺旋线，这个螺旋线在垂直于 $\boldsymbol{B}$ 的平面内的投影是一个圆，圆的半径为

$$R = \frac{v_{\perp}}{(e/m) \cdot B} \tag{2-61}$$

电子做圆周运动的周期为

$$T = \frac{2\pi R}{v_\perp} = \frac{2\pi}{(e/m) \cdot B} \quad (2-62)$$

这个螺旋形轨迹的螺距,即电子在一个周期内前进的距离为

$$h = v_{//} \cdot T = \frac{2\pi v_{//}}{(e/m) \cdot B} \quad (2-63)$$

由式(2-61)~式(2-63)可以得出如下的结论,对于同一时刻,从同一位置发出的电子,尽管它们的 v 各不相同,轨道也不相同,但只要 B 一定,它们绕螺旋轨道一周的时间 T 都是相同的,这是式(2-59)的结论,虽然 $v_{//}$ 各不相同,但从迎着电子飞行的方向看(即正面看荧光屏)时,仍是一个点,同理,经过时间 $2T$、$3T$、…后仍然是一个点,这就是磁聚焦的基本原理。

如果加速电压足够高,就可忽略电子由热阴极发出时的初动能,即可认为电子的纵向速度相等。从阴极发射出的电子,在阳极加速电压 U 的作用下,电子获得了较大的动能,根据动能原理很容易得到

$$v_{//} = \sqrt{\frac{2eU}{m}} \quad (2-64)$$

将式(2-64)代入式(2-63),则有

$$\frac{e}{m} = \frac{8\pi^2 U}{h^2 B^2} \quad (2-65)$$

螺线管中部的磁感应强度 B 的计算公式为

$$B = \frac{\mu_0 NI}{\sqrt{L^2 + D^2}} \quad (2-66)$$

将式(2-66)代入式(2-65),得

$$\frac{e}{m} = \frac{8\pi^2 (L^2 + D^2)}{(\mu_0 Nh)^2} \cdot \frac{U}{I^2} = \frac{(L^2 + D^2)}{2 \times 10^{-14} N^2 h^2} \cdot \frac{U}{I^2} \quad (2-67)$$

式中:$\mu_0 = 4\pi \times 10^{-7}$ H/m;N 是螺线管总匝数;L、D 分别是螺线管的长度和直径(m);h 是示波管 Y 偏转板靠近电子枪一端到荧光屏的距离($h = 0.137$ m);其他数据见螺线管上粘贴的铭牌。测出与 U 相应的聚焦电流 I 即可求得电子的荷质比。

【实验内容】

(1) 调整好荷质比测定仪,最好使螺线管的轴线与当地地磁场的方向一致。

(2) 按图 2-46 接好线路。

(3) 接通电子荷质比电源,辉度调至最大,调节电压至 600 V,预热 5 min。

(4) 将接线盒的偏转讯号双刀开关推向聚焦端,使 X、Y 两对偏转板均接地。此时荧光屏上出现一个亮点。调节聚焦,使光点聚焦到最佳状态。调节电压,使电压表正指600 V。

(5) 将接线盒上的偏转讯号双刀开关推向 AC48V,使讯号电压送入 Y 轴偏转板,荧光屏上出现一条直线。

(6) 接通螺线管的直流稳压电源,将励磁换向开关打向"+",电流调节旋钮反时针调节到最小后,进行测量。由小到大调节励磁电流,并观察荧光屏上的直线随着电流的增大一边旋转,一边缩短,直至会聚成一个光点。图样稳定后再读取电压表和电流表的读数,

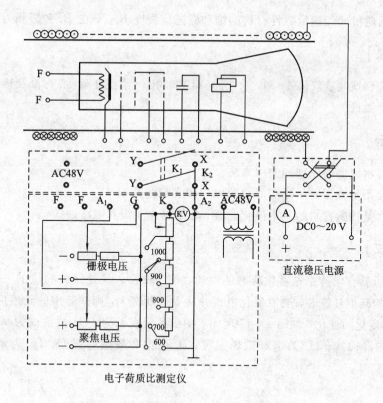

图 2-46　电源和示波管各电极的接线图

记入数据表中。(7) 将螺线管励磁电流调回到零，将励磁换向开关打向"－"端。由小到大调节励磁电流。屏上直线反向旋转，再次会聚成一点，读取电压表、电流表的读数，并将数值记入自行设计的数据表中。重复以上步骤依次测出 700 V、800 V、900 V、1000 V 时，电压表和电流表的读数，记入数据表中，计算 e/m 的值。

(8) 实验完毕后，关闭各仪器的电源，拆去各连接线。

公认值 $$\frac{e}{m} = 1.7588 \times 10^{11} \text{ C/kg}$$

【思考题】

(1) 磁聚焦实验中通过什么方法消除外界磁场对实验的影响？

(2) 分析荷质比计算公式中哪一个物理量是影响实验结果精度的主要因素？操作过程中应注意什么？

2.17　用示波器和微机测动态磁滞回线

磁性材料的磁滞回线和磁化曲线表征了磁性材料的基本磁特性。在工业、交通、通讯、电器等各领域，大量应用了各种特性的铁磁材料。因此，磁性材料基本特性的测量，在实践上及大学物理实验中都显得非常重要。

【实验目的】

(1) 了解用示波器和微机测量动态磁滞回线的原理和方法。

（2）根据磁滞回线确定磁性材料的饱和磁感应强度 B_s、剩磁 B_r 和矫顽力 H_c 的数值。

【实验仪器】

智能磁滞回线实验仪（CZ-5）、示波器（YB43020B）、滑线变阻器、标准互感器（BH-01）、交流电流表、微机。

【预习提示】

（1）掌握示波器的原理和使用方法。
（2）如何用示波器显示磁滞回线的原理和实验线路？
（3）什么是铁磁材料的基本磁化曲线、起始磁化曲线和磁滞回线？

【实验原理】

铁磁物质具有保持原先磁化状态的性质，称为磁滞，这是铁磁物质的一个重要特性。给绕有线圈的硅钢片铁芯，通以磁化电流并从零逐渐增大，则铁芯中的磁感应强度 **B** 随磁场强度 **H** 的变化而变化，如图 2-47 所示。图中各量表示为：Oa 段曲线为基本磁化曲线；$abcdefa$ 为磁滞回线；H_s 为饱和磁场强度；B_s 为饱和磁感应强度；H_c 为矫顽值；B_r 为剩磁。

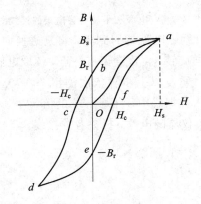

图 2-47　磁化曲线

从初始状态 **H**=0、**B**=0 开始，用交流电源供给初级线圈产生交变磁场强度 **H** 时，在磁场由弱到强逐渐增加的过程中，可以得到面积由小到大的一个个磁滞回线，各磁滞回线的正顶点的连接线 Oa，称为铁磁物质的基本磁化曲线，达到饱和后，停止增加磁场强度 **H**，即呈现出磁滞回线 $abcdefa$。

可以看出，铁磁材料的 **B** 和 **H** 不是线性关系，即磁导率 **B/H** 不是常数。

利用示波器测动态磁滞回线的原理图如图 2-48 所示。将样品制成闭合的形状，其上均匀地绕以磁化线圈 N_1 及副线圈 N_2。交流电压 u 加在磁化线圈上，线路中串联了一个取样电阻 R_1。将 R_1 两端的电压 u_1 加到示波器的 X 输入端上。副线圈 N_2 与电阻 R_2 和电容 C 串联成一个回路。电容 C 两端的电压 u_C 加到示波器的 Y 输入端上。下面我们来说明为什么这样的电路能够显示和测量磁滞回线。

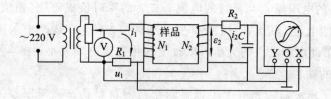

图 2-48 用示波器测动态磁滞回线原理图

1. u_1(X 输入)与磁场强度 H 成正比

设样品的平均周长为 l，磁化线圈的匝数为 N_1，磁化电流为 i_1（注意：这是交流电流的瞬时值），根据安培环路定律有 $Hl = N_1 i_1$，即 $i_1 = Hl/N_1$。而 $u_1 = R_1 i_1$，所以可得

$$u_1 = \frac{R_1 l}{N_1} H \tag{2-68}$$

式中，R_1、l 和 N_1 皆为常数，可见 u_1 与 $\boldsymbol{H}$ 成正比。它表明示波器荧光屏上电子束水平方向偏转的大小与样品中的磁场强度成正比。

2. u_C（Y 输入）在一定条件下与磁场强度 B 成正比

设样品的截面积为 S，根据电磁感应定律，在匝数为 N_2 的副线圈中感应电动势应为

$$E_2 = -N_2 S \frac{dB}{dt} \tag{2-69}$$

若副边回路中的电流为 i_2，且电容 C 上的电量为 q，则应有

$$E_2 = R_2 i_2 + \frac{q}{C} \tag{2-70}$$

在上式中已考虑到副线圈匝数 N_2 较小，因而自感电动势可忽略不计。在选定线路参数时，有意将 R_2 与 C 选得足够大，使电容 C 上的电压降 $u_C = q/C$ 比起电阻上的电压降 $R_2 i_2$ 小到可以忽略不计。于是式(2-70)可以近似地改写成

$$E_2 = R_2 i_2 \tag{2-71}$$

将关系式 $i_2 = \dfrac{dq}{dt} = C \dfrac{du_c}{dt}$ 代入式(2-71)得

$$E_2 = R_2 C \frac{du_C}{dt} \tag{2-72}$$

将上式(2-72)与式(2-69)比较，不考虑其负号（在交流电中负号相当于相位差为 $\pm\pi$）时应有

$$N_2 S \frac{dB}{dt} = R_2 C \frac{du_C}{dt} \tag{2-73}$$

将等式两边对时间积分时，由于 $\boldsymbol{B}$ 和 u_C 都是交变的，积分常数为 0。整理后得

$$u_C = \frac{N_2 S}{R_2 C} B \tag{2-74}$$

式中，N_2、S、R_2 和 C 皆为常数，可见 u_C 与 $\boldsymbol{B}$ 成正比。也就是说，示波器荧光屏上电子束竖直方向偏转的大小与磁感强度成正比。

至此，可以看出，在磁化电流变化的一周期内，示波器的光点将描绘出一条完整的磁滞回线。以后每个周期都重复此过程，结果在示波器的荧光屏上看到一条稳定的磁滞回线图形。

为了使 R_1 上的电压降 u_1 与流过的电流 i_1 二者的瞬时值成正比（相位相同），R_1 必须是无感或电感极小的电阻。其次，为了操作安全和调节方便，在线路中采用了一个可调的低压交流电源，调节此电源电压的大小可以改变磁化电流 i_1 的大小。在本实验中，样品是一个用硅钢片制成的铁芯。

上述已说明了示波器荧光屏上可以显示出待测材料动态磁滞回线的原理。但在实验中，还须确定示波器荧光屏上 X 轴（即 H 轴）的每一小格实际代表多少（A/m），Y 轴（即 B 轴）的每一小格实际代表多少（T）。这就是所谓的标定问题。

3. X 轴（H 轴）的标定

由式（2-68）可知，只要用实验方法测出光点沿 X 轴的偏转大小与电压 u_1 的关系，即可确定 H。为此，可采用如图 2-49 所示的线路图，其中交流电流表 A 用于测量 i_1。普通的交流电流表一般指示正弦形电流的有效值，因而 A 的指示是 i_1 的有效值 I_1。调节 i_1 使荧光屏上呈现总长为 L_x 的水平线，它对应于 u_1 的峰峰值，即 u_1 有效值的 $2\sqrt{2}$ 倍，所以 L_x 代表 $2\sqrt{2}R_1 I_1$。这样每小格所代表的 u_1 的峰峰值为 $2\sqrt{2}R_1 I_1/L_x$，利用式（2-68）可知，沿 X 轴光点每偏转 1 小格所代表的磁场强度 H 值为

$$H_0 = \frac{2\sqrt{2}N_1 I_1}{lL_x} \tag{2-75}$$

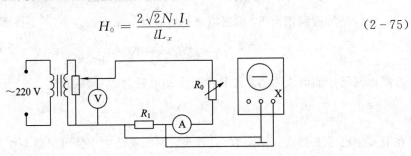

图 2-49 标定 H 的线路图

由于被测样品是铁磁性材料，它的 B 与 H 的关系是非线性的，电路中电流的波形会发生畸变，成为非正弦形，结果电流表指示的也不再是正弦交变电流的有效值。因此作标定用的线路中应将被测样品去掉，用一纯电阻 R_0 代替。这里 R_0 起限流作用，实验时注意不要使 I_1 超过 R_0 允许的电流值。如果交流电流表是真有效值的测量，可以不用纯电阻 R_0，用交流电流表直接进行测量。

4. Y 轴（B 轴）的标定

Y 轴（B 轴）的标定采用如图 2-50 所示的线路图。

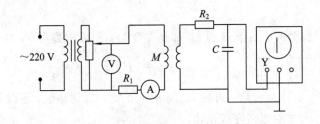

图 2-50 标定 B 的线路图

图中 M 是一个互感量为 M 的标准互感器，流经互感器原边的瞬时电流为 i_{M0}，则互感器副边中的感应电动势 E_M 为

$$E_M = -M\frac{\mathrm{d}i_{M0}}{\mathrm{d}t}$$

可得

$$M\frac{\mathrm{d}i_{M0}}{\mathrm{d}t} = R_2 C\frac{\mathrm{d}u_C}{\mathrm{d}t}$$

两边积分，经整理后可得

$$u_C = \frac{Mi_{M0}}{R_2 C} \tag{2-76}$$

电流表 A 测出的是 i_{M0} 的有效值 I_{M0}，即 u_C 的有效值为 $U_C = \dfrac{MI_{M0}}{R_2 C}$，因此 u_C 的峰峰值为 $\dfrac{2\sqrt{2}MI_{M0}}{R_2 C}$。如果此时荧光屏上对应于 u_C 峰峰值的竖直线总长为 L_y，根据式(2-73)，可得沿 Y 轴光点每偏转 1 小格所代表的磁感强度 $\boldsymbol{B}$ 值为

$$B_0 = \frac{2\sqrt{2}MI_{M0}}{N_2 S L_y} \tag{2-77}$$

实验中，不要使电流 I_{M0} 超过互感器所允许的额定电流值。

5. 用交流电压表对示波器定标

用交流电压表(2 V)对示波器定标，交流电压表一定是真有效值的测量，将示波器 Y 对地短路，此时示波器上展示出一条水平线，测量其长度值 n_x，并用交流电压表测量出 X 对地的电压值 U_x，由此得到

$$L_x = \frac{\sqrt{2}U_x}{\dfrac{n_x}{2}}(\mathrm{V}/\text{格})$$

同理，将示波器 X 对地短路，此时示波器上展示出一条垂直线，测量其长度 n_y，并用交流电压表测出 Y 对地的电压值 U_y，由此得到 $L_y = \dfrac{\sqrt{2}U_y}{\dfrac{n_y}{2}}(\mathrm{V}/\text{格})$。

如能准确测出 R_1、R_2、C 的值，也能直接用示波器测出 B、H，则 X、Y 轴的标定可省去，但需要先在示波器上读出该点的坐标 x、y 值，则该点的电压为

$$U_x = D_x x$$
$$U_y = D_y y \tag{2-78}$$

式中，D_x、D_y 为示波器的分度值，可在示波器面板上直接读出。这样

$$H = \frac{N_1 D_x}{lR_1}x = K_x D_x x \tag{2-79}$$

$$B = \frac{R_2 C D_y}{N_2 S}y = K_y D_y y \tag{2-80}$$

式(2-79)和式(2-80)中，K_x、K_y 是常数，各物理量的单位：R_1 和 R_2 为 Ω，l 为 m，S 为 m^2，C 为 F，D_x、D_y 为 V/cm，x、y 为 cm，则 H 为 A/m，B 为 T。

【实验内容】

1. 用示波器测动态磁滞回线

1) 显示和观察动态磁滞回线

(1) 按图 2-51 所示线路接线，将实验仪的"示波器/数据采集"开关打向示波器。打开实验仪和示波器的电源开关。

(2) 将示波器的工作状态置于 X-Y，光点调至荧光屏中心，调节电压调节旋钮，逐步增大磁化电流，使磁滞回线上的 B 值能达到饱和。示波器上 X、Y 轴的分度值调整至适当位置：每大格 50 mV 挡(若用第二种方法即直接读取示波器的分度值，就必须将分度盘上的旋钮顺时针旋转到头)，使示波器的荧光屏上得到典型美观的磁滞回线图形。

2) 测量动态磁滞回线

(1) 先退磁。

(2) 调节电压调节旋钮，以小格为单位测若干组 B、H 的坐标值。特别注意回线顶点、剩磁与矫顽力三个点的读数。此后，示波器的 X、Y 轴的分度值绝对不能再改变，以便进行 B、H 的标定。

3) 标定 H 与 B

按图 2-51 连接线路，R_0 为滑线变阻器，交流电流表用 200 mA 挡，调节电压调节旋钮和滑线变阻器使示波器上的横线尽可能长并取整(如 9 大格，每大格有 5 个小格)，并记下此时的电流值，算出 H_0(每小格)。

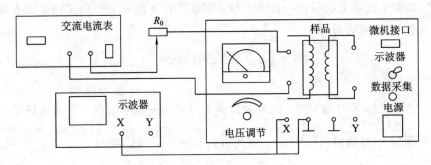

图 2-51　H 标定接线示意图

按图 2-50 连接线路，接线示意图见图 2-52，交流电流表用 200 mA 挡，调节电压调节旋钮使示波器上的竖直线尽可能长并取整(如 6 大格，每大格有 5 个小格)，并记下此时的电流值，算出 B_0(每小格)。

4) 测磁化曲线

测量大小不同的各个磁滞回线的顶点的连线。

5) 用交流电压表标定示波器(选做)。

(1) $R_1 = 6.2\ \Omega \pm 5\%$；$R_2 = 16\ k\Omega \pm 5\%$；$C = 16\ \mu F \pm 5\%$；

(2) $N_1 = 120$ 匝；$N_2 = 40$ 匝；$S = 2.01 \times 10^{-4}\ m^2$；$l = 0.15\ m$；$M = 0.1\ H$。

(3) 按作图的基本要求绘制动态磁滞回线图，坐标轴标注大整数。从曲线上定出 B_s、B_r、H_s、H_c 的值。

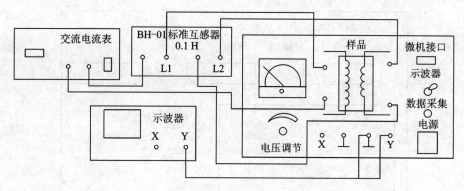

图 2-52 B标定接线示意图

2. 用微机测动态磁滞回线

图 2-53 为微机连接线路的示意图，用微机直接采集数据，无须定标。

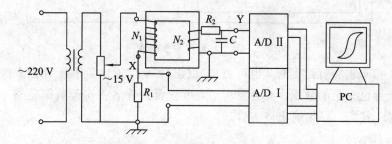

图 2-53 微机连接线路示意图

（1）将实验仪的"示波器/数据采集"开关打向数据采集。

（2）点击"智能磁滞回线实验仪"图标，打开该软件的工作界面，并设置实验参数和实验者学号、班级、姓名，在智能磁滞回线实验仪电源未开的情况下，将串口线分别连接到计算机及智能磁滞回线实验仪的 RS232 接口，再打开智能磁滞回线实验仪的电源（连接或断开串口连线时，严禁通电操作），选择计算机的串口 COM1 或 COM2，如果采集数据时出现串口错误信号，只需重新选择另一组串口，调整好输入电压就可开始实验了。

（3）首先顺时针旋转电压调节旋钮使电压 U 从 0 增至 5 V，然后逆时针方向旋转电压调节旋钮使电压 U 降为 0，其目的是为了消除剩磁。点击"数据采集"图标，图标变为繁忙状态，表示开始第一次的数据采集，为防止误操作，该软件已设置相关保护程序，禁止在数据采集未完成的情况下进行图形显示等其他操作，同时，经放大后的 200 组数据坐标值就依次动态地显示出来，并被保存在第一组。本次采集完成后，图标恢复原态，表示可进行下一次数据采集或进行图形显示等其他操作。在不同的输入电压状态下（每 2 V 采集一次），多次点击进行数据采集，最多能保存 8 组数据，第 8 组以后的数据将被覆盖到第一组数据中，依次类推。图 2-54 为数据采集后的界面图。

点击"图形显示"图标，可显示已采集的各组磁滞回线，如果需要显示某一组数据，只需在"显示设定"中选定这组数即可，图 2-52 为输入电压从小到大，采集的某 8 组数据的磁滞回线图，其中最大的一条为饱和磁滞回线。

图 2-55 中，X 坐标为磁场强度 H，单位为 A/m，Y 坐标为磁感应强度 B，单位为 T，用鼠标点击图形的轮廓，可显示某一点的磁场强度、磁感应强度、磁导率等具体数值。如

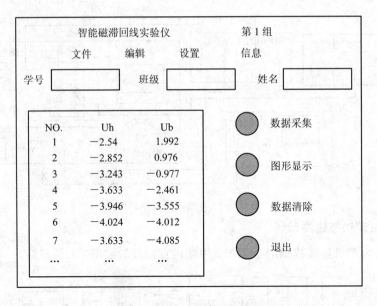

图 2-54　实验仪采集的数据

果数据有误，可点击"清除"图标，也可点击"退出"图标，退出后重新启动该软件，系统将自动复位，清除已采集的数据。实验完成后，可设置文件名将实验数据完整地保存下来，以备将来查看，按"退出"键退出该实验。

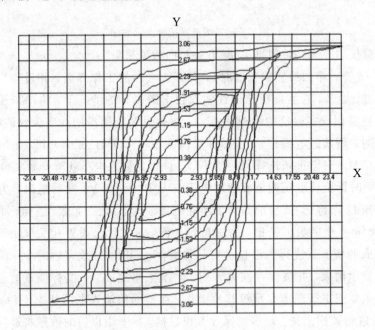

图 2-55　程序生成的磁化曲线

【软件介绍】

点击"智能磁滞回线实验仪"图标，打开该软件的工作界面，它包含"文件""编辑""设置""信息"及实验者相关参数等几部分，和数据采集、图形显示、数据清除、退出等图标按键。

1. 文件

保存：保存已完成的实验数据；

打开：打开已保存的实验数据；

打印：打印采集的数据；

退出：退出该实验。

2. 编辑

同步：该内容为软件设置实验过程用，已屏蔽；

刷新：该内容为软件设置实验过程用，已屏蔽。

3. 设置

串口设置：选择计算机的串 COM1 或 COM2；

显示设定：用来选择显示某组数据或多组数据的图形。

这里要说明的是，计算机是通过"参数设置"标定被测材料参数的，在程序设计时，已经按实验仪变压器的铁芯参数设定了 K_1、K_2，为防止误操作，修改时应输入密码。如果测量其他的材料如硬磁材料，应输入这种材料的 K_1、K_2 值，其中数据 20、50 为放大倍数。

【思考题】

（1）为什么示波器能显示铁磁材料的磁滞回线？

（2）在确定磁滞回线上各点的 **H** 和 **B** 值时，为什么要严格保持示波器的 X 轴和 Y 轴增益在显示该磁滞回线的位置上？

（3）为什么磁化电流要单调增大或单调减小？

2.18　太阳能电池特性的研究

【实验简介】

太阳能电池是一种光电转换元件，它不需外加电源就可以直接把光能转化成电能。光电池的种类很多，其中应用最广的是太阳能电池。太阳能电池具有性能稳定、灵敏度高、光谱范围宽、频率响应好、转换效率高、能耐高温辐射等一系列优点，所以，它在很多分析仪器、曝光表以及自动控制检测、计算机的输入和输出上用作探测元件，在现代科学技术中占有十分重要的地位。本实验仅对太阳能电池的基本特性和应用作初步的了解和研究。

【实验目的】

（1）了解太阳能电池的工作原理，并学会使用太阳能电池。

（2）研究太阳能电池在光照时的输出特性，并求出其短路电流和开路电压。

（3）测量短路电流与相对光强度的关系，画出短路电流与相对光强度之间的关系图。

（4）测量开路电压与相对光强度的关系，画出开路电压与相对光强度之间的关系图。

（5）研究太阳能电池的暗态特性并绘制其伏安特性曲线。

【实验仪器】

TD-1太阳能电池特性实验仪、WYT-20直流稳压电源、GL-2光功率计、DM-V1数字电压表、DM-A1数字电流表、ZX21直流电阻箱。

【预习提示】

(1) 简述PN结单向导电原理。

(2) 调试仪器的过程中，为什么要事先把太阳能电池实验仪的盖子盖上，光功率计读数调零？

【实验原理】

太阳能电池是在半导体材料硅中渗入微量杂质制成的，它属于一种有PN结的单结光电池，其外观如图2-56所示。上电极为光照面，上面镀有SiO_2抗反射膜，当用能量大于材料禁带宽度的光照在它上面时，光子就被吸收，在P区产生光生电子时，也就是光生电子与光生空穴。光生载流子会扩散到PN结中去，但是PN结中本身就存在内电场，这个电场将光生电子与光生空穴分离开来，使PN结中形成另外一个电场——光生电场。光生电场与原来的内电场方向相反。光生电场与内电场达到平衡后，在PN结两端就出现一个稳定的电势差即为光生电动势，这种效应称为光生伏特效应。利用光生伏特效应还可以制成光电二极管、光电三极管等。

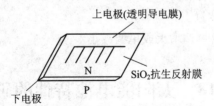

图2-56　太阳能电池结构示意图

1. 研究太阳能电池的负载特性

随着负载电阻的变化(光强不改变)，回路中的电流I和太阳能电池两端的电压U相应地变化，称为太阳能电池的伏安特性。通过负载特性的研究，就可知道在某一负载电阻时太阳能电池的输出功率最大，这称为最佳匹配，所用负载电阻又称为最佳匹配电阻。最大输出功率为$P_{max}=I_{mp}U_{mp}$，负载特性曲线见图2-57，输出功率与负载电阻R的关系曲线见图2-58。测量电路见图2-59，图中R为电阻箱，A为电流表，V为电压表，C为太阳能电池。

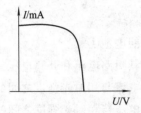

图2-57　负载特性曲线图

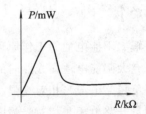

图2-58　输出功率与负载电阻的关系曲线

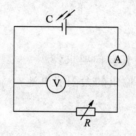

图 2-59　测量电路图

2. 研究太阳能电池的开路电压与短路电流

太阳能电池在一定光照下的光生电动势称为开路电压。开路电压与入射光的相对光强度 P 的特性曲线称为太阳能电池的开路电压曲线，光电流与相对光强度 P 的特性曲线称为短路电流曲线。相对光强度可由光功率计读出，开路电压特性曲线见图 2-60。短路电流曲线见图 2-61。测量电路分别见图 2-62 和图 2-63。

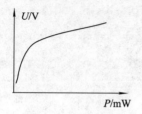

图 2-60　开路电压特性曲线

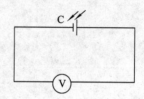

图 2-61　开路电压测量电路图

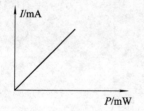

图 2-62　短路电流曲线

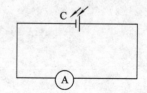

图 2-63　短路电流测量电路图

【实验内容】

1. 测量太阳能电池的负载特性

按图 2-56 连接好线路。先接通光功率计电源，光功率计读数调零，再接通其他电源。调节光强（可观察光功率计的读数），并保持光强不变，改变电阻箱的阻值，记录电阻、电流表和电压表的值，绘制负载特性曲线和输出功率与负载电阻 R 的关系曲线，利用公式 $P_{max} = I_{mp} U_{mp}$ 计算出最大输出功率。

2. 测量太阳能电池的开路电压与短路电流

分别按照图 2-59 和图 2-60 连接好线路，调节光强，分别记录光功率、电压值和光功率、电流值，绘制太阳能电池的开路电压曲线与短路电流曲线。

【思考题】

（1）太阳能电池对入射光的波长有何要求？

（2）如何获得高电压、大电流输出的太阳能电池？

第 3 章　物理实验创新研究

"物理实验创新研究"带有一些科学研究的性质，要求学生完成一个有创新意义的交叉性研究课题，培养学生独立从事科学研究的能力。在第 1 章中较为详细地介绍了物理实验的研究方法，这些知识可以帮助学生更好地完成实验研究。

3.1　DIY 电磁混合磁悬浮实验

【趣味知识】

随着航天事业的发展，模拟微重力环境下的空间悬浮技术已成为进行相关高科技研究的重要手段。目前的空间悬浮技术主要包括电磁悬浮、光悬浮、声悬浮、气流悬浮、静电悬浮、粒子束悬浮等，其中电磁悬浮技术比较成熟。电磁悬浮技术（Electromagnetic Levitation）简称 EML 技术，它的主要原理是利用高频电磁场在金属表面产生的涡流来实现对金属的悬浮。

磁悬浮技术是集电磁学、电子学、力学和控制工程于一体的现代高新技术，利用此技术可实现无摩擦、无接触、无噪声和无污染等状态，因而备受世人关注。它在磁悬浮列车、磁悬浮轴承等领域得到了广泛应用。

1. 应用

国际上对电磁悬浮轴承的研究工作非常活跃。1988 年召开了第一届国际磁悬浮轴承会议，此后每两年召开一次。1991 年，美国航空航天管理局还召开了第一次磁悬浮技术在航天中应用的讨论会。至 2015 年，美国、法国、瑞士、日本和中国都在大力支持开展磁悬浮轴承的研究工作。国际上的这些努力，推动了磁悬浮轴承在工业上的广泛应用。

国内对磁悬浮轴承的研究工作起步较晚，尚处于实验室阶段，落后外国，并且它的售价很高，大大限制了其在工业上的推广应用。

2. 磁悬浮列车

利用"同性相斥，异性相吸"的原理，磁铁具有抗拒地心引力的能力，使车体完全脱离轨道，悬浮在距离轨道约 1 cm 处，腾空行驶，创造了近乎"零高度"空间飞行的奇迹。世界第一条磁悬浮列车示范运营线——上海磁悬浮列车，建成后，从浦东龙阳路站到浦东国际机场，三十多公里只需 6～7 分钟。

【实验原理】

本实验系统由电源、电磁铁线圈、电烙铁、电子元器件、面包板、导线等（数字多用表、示波器另配)组成,通过设定项目学习任务——自主搭建"电磁混合磁悬浮实验系统",要求同学们在规定的时间内通过通力合作,从系统分析、电路设计、电路板焊接、分系统测试、系统总装、总体调试等过程,自己动手达到项目学习的目标——电磁混合磁悬浮系统实验的正常运行。

在本实验中你自己就是项目设计师,需要对任务进行合理的安排和调整,完成项目任务。

【实验教学设计理念】

(1)能力培养要体现在实验教学的具体环节上,要让学生尽可能参与到实验设计、制造、分析、研究的整个过程。

(2)要引入具有新颖性、挑战性、物理内涵丰富、反映近代科技发展的新项目,激发学习兴趣,启迪创新思维,加强能力培养。

(3)充分体现 DIY 的精神,尽量放手,让学生最大限度地参与实验过程,解决实验中遇到的各种问题,让学生在实验中体验探索精神和成功的乐趣。

【实验目的】

(1)了解磁悬浮实验系统的工作原理和系统的实现。

(2)学习电路元器件焊接技术和电路调试方法。

(3)总体上把握实验系统的总装方法和调试方法。

【实验内容】

(1)首先弄清楚系统的工作原理,在教师的指导下辨认各种电子元器件。

(2)根据实验室提供的三块电路板分别焊接组成多谐振荡器、脉宽调制器和线圈驱动控制器。

(3)利用测量仪器分别测量分系统的工作状态,保证各系统正常工作,记录相应的测试现象。

(4)利用实验室提供的大面包板,将各分系统总装在一起。注意面包板的正确使用。

(5)总机调试,观察实验现象,分析实验过程,实现系统目标。

(6)总结本次实验心得体会,提供实验报告,附实验系统正常运行的照片。

【实验系统】

本实验系统的工作原理图见图 3-1。系统包含有永久磁体悬浮物、带铁芯的电磁铁、霍尔位移传感器、控制器、驱动电路等。多谐振荡器中心频率为 10 kHz,双路电源的电压为 5 V、0~30 V,悬浮物体的质量为 100 g。

系统工作时,悬浮物体在平衡位置处,悬浮物的重力和永久磁体与电磁线圈中铁芯间的作用力平衡。电磁线圈中的电流主要用于控制。假设悬浮物在平衡位置受到向下的扰

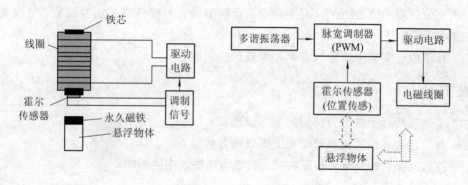

图 3-1 电磁混合磁悬浮实验的工作原理图

动，悬浮物会偏离原来的平衡位置向下运动。此时霍尔传感器所在处的磁场减小，霍尔传感器会将这个信息传给调制控制器，控制器将这一信号处理后，通过改变输出脉宽调制信号的占空比来增加电磁线圈对悬浮物的吸力，使悬浮物受到的向上的力大于向下的力，则悬浮物回到原来的平衡位置。同理，当悬浮物受到径向向上的扰动时，控制器控制电磁力变成斥力，悬浮物就会下移。通过这种动态控制达到悬浮物在平衡位置附近的动态悬浮。

3.2　DIY 磁耦合谐振式无线电力传输实验

【趣味知识】

你知道吗，不用电线就可以传输电力，点亮一个灯泡，这样的事情是利用什么原理和技术实现的？摒弃杂乱的输电导线，实现电力的无线传输一直以来都是人们追求的梦想。早在1890年，美国物理学家尼古拉斯·特斯拉就提出并设计了无线电力传输实验模型，并于1902年申请了相关技术的专利。随后在美国纽约长岛建造沃登克里弗塔，进行了无线电能实验，成功点亮了约40.225 km以外的氖气照明灯。此后多年，国内外一些科学家虽然一直进行着研究，并在近距离无线电能传输技术方面获得了一些成果，但在中、远距离电能传输技术方面一直未能取得突破性进展。直到2006年11月，美国MIT（麻省理工学院）研究人员提出了可中距离传输的磁耦合谐振式无线电能传输技术，并随后通过实验进行了验证，以400％的传输效率，成功点亮了2 m多外60 W的灯泡。

2007年，一种新型的可实用化的磁耦合谐振式无线能量传输技术由MIT的一组科学家得以实现。这种传输技术具有传输距离长、穿透能力强的特点。在2010年，青岛海尔公司就研制出了"无尾"电视，可以肯定的是随着人们对生活品质要求的日益提高，各种家电设备会逐渐采用这种新型的无线传电技术，它会为人们的生活带来更大的便利。

【实验教学设计理念】

（1）能力培养要体现在实验教学的具体环节上，要让学生尽可能参与到实验设计、制造、分析、研究的整个过程。

（2）要引入具有新颖性、挑战性、物理内涵丰富的、反映近代科技发展的新项目，激发学生的学习兴趣，启迪创新思维，加强能力培养。

（3）充分体现 DIY 的精神，尽量放手，让学生最大限度地参与实验过程，解决实验中遇到的各种问题。

（4）让学生在实验中体验探索精神和成功的乐趣。

【实验目的】

（1）了解磁耦合无线电力传输的基本原理。

（2）自行组装和调试磁耦合谐振式无线电力传输系统。

（3）探索共振频率、频率和距离对无线电力传输效率的影响。

【实验原理】

磁耦合的基本原理是两个线圈通过磁场来相互关联。线圈与线圈之间的耦合是通过电磁感应来实现的，如图 3-2 所示。首先，通电的线圈 1 周围能够产生磁场，此时如果磁场是随时间变化的，则线圈 2 的磁通量也将随时间发生变化，根据法拉第效应，线圈 4 将产生感应电动势。感应电动势会在线圈 4 内形成电流，而产生的感应电流也会产生新的磁场，进而影响线圈 1 的磁通量。除此之外，变化的磁场也会影响线圈自己的磁通量，这就是线圈之间的互感和自感。

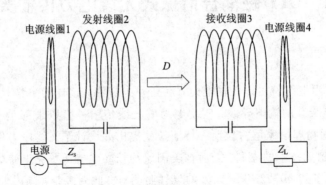

图 3-2　磁耦合谐振原理

当振荡电路的振荡频率和发射电路（LC 电路）的固有频率相一致时，发射电路会在空间产生最大的交变磁场，而当接收电路（LC 电路）的固有频率也和发射电路的振荡频率一致时，电磁感应也会在接收电路中产生最大的负载电流，这时电力传输的效率最高，这种耦合叫做谐振式耦合。实验时要设法让振荡频率、发射电路的固有频率以及接收电路的固有频率相一致，以产生最高的传输效率，这就是磁耦合谐振原理。

LC 电路固有频率的计算公式为

$$f = \frac{1}{2\pi\sqrt{LC}} \tag{3-1}$$

【实验内容】

1. 确定 LC 电路的共振频率

在下面确定 LC 电路的共振频率的几种方法中，任选其中一种：

（1）利用实验室提供的 LC 电表分别测量线圈的电感和电容，然后利用公式（3-1）计算共振频率。

（2）如果线圈绕线比较规则，可以利用实验室提供的工具测量铜线的直径、线圈直径等参数，然后利用公式计算线圈的电感，最后利用公式(3-1)计算共振频率。

（3）利用信号发生器和示波器观察 LC 电路的充放电过程，测量其共振频率。

2. 振荡电路的设计和焊接

设计振荡电路中的各参数，使得其输出方波信号的频率在 LC 电路的共振频率附近，系统的工作原理图如图 3-3 所示，其中 R_1 的电阻值应可调，便于调节输出频率。

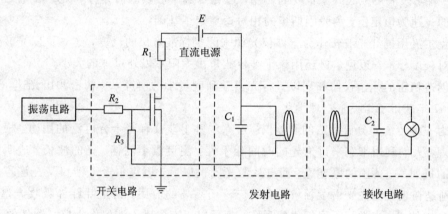

图 3-3　无线电力传输电路系统原理图

利用实验室提供的电路板焊接完成振荡器电路，用示波器观察振荡电路的输出信号。

3. 研究工作频率对电力传输效率的影响

完成实验电路的连接。固定接收线圈与发射线圈的距离，如 5 cm。改变工作频率，利用示波器测量接收电路的信号幅度和频率，绘制电压幅度-频率曲线。

4. 研究无线电力传输的距离对传输效果的影响

调节电路工作在共振频率之下，改变接收线圈与发射线圈的距离，利用示波器测量接收电路的信号幅度，绘制电压幅度-距离曲线。

本实验采用磁耦合谐振方式进行电力传输，实验系统主要由振荡电路、开关电路、直流电源、发射电路和接收电路五部分组成。

工作频率范围为 500 kHz～2.5 MHz；双路电源：电压 5 V，0～30 V；灯泡功率为 3 W；接收电路行程为 5～30 cm。

【思考题】

（1）什么叫磁共振耦合？

（2）为什么当振荡频率和 LC 电路的频率一样时，发射线圈能在周围产生大的交变磁场？

（3）你认为提高能量传输效率的方式有哪些？

（4）自己设计一台无线台灯，给出设计方案。

3.3 高级光学干涉组合实验

【趣味知识】

1883 年，物理学家迈克尔逊和莫雷合作，为证明"以太"存在设计制造了第一台用于精密测量的干涉仪——迈克尔逊干涉仪，该干涉仪是在平板或薄膜干涉现象的基础上发展起来的，在科学发展史上起到了重要的作用，迈克尔逊干涉实验否定了"以太"的存在，发现真空中的光速为恒定值，为爱因斯坦的相对论奠定了基础。

迈克尔逊用镉红光波长作为干涉仪光源来测量标准米尺的长度，建立了以光波长为基准的绝对长度标准。迈克尔逊还用该干涉仪测量出太阳系以外星球的大小。

因创造精密的光学仪器和用以进行光谱学和度量学的研究，并精密测出光速，迈克尔逊于 1907 年获得了诺贝尔物理学奖。

作为一种传统的分振幅法的干涉仪，迈克尔逊干涉仪有着十分广泛的用途。根据光的干涉原理，人们利用来它来讨论光的时间相干性，测量微小位移、光的波长、透明介质或者气体的折射率、薄膜的厚度等。而自从激光问世以后，迈克尔逊干涉仪又充满了新的活力，特别是在现代激光光谱学领域中有着广泛而重要的应用，傅里叶红外吸收光谱仪、干涉成像光谱技术、光学相干层析成像系统，都是以迈克尔逊干涉仪作为核心器件的。

曾德尔于 1981 年、L. 马赫于 1982 年各自制成一种四镜双束干涉仪——马赫-曾德尔干涉仪。这是一种利用光的相干原理确定透明介质中折射率值的一种光学仪器，风洞实验中可用它来测量流场局部密度变化，也可用于测量等离子体的电子密度。

【实验目的】

(1) 了解迈克尔逊干涉仪与马赫-曾德尔干涉仪的结构原理，学会搭建与调整实验光路。

(2) 学习使用迈克尔逊干涉仪测量半导体激光器与钠灯的波长以及钠黄双线的波长差。

(3) 学习使用迈克尔逊干涉仪与马赫-曾德尔干涉仪测量有机玻璃板与空气的折射率。

【实验原理】

FD-MIE-A 型高级光学干涉组合实验仪主要由电源主机(包括 CCD 电源、半导体激光器电源、钠灯电源)、减震光学平台、半导体激光器、钠灯、准直片、半反透镜、固定反射镜、可移动反射镜、透明介质样品台、气室、手动真空泵(带气压表)、观察屏、成像透镜、CCD 摄像头、监视器等组成，如图 3-4 所示。

图 3-4　实验仪结构

1. 迈克尔逊干涉仪的结构原理

如图 3-5 所示，M_1 和 M_2 是平面反射镜，M_1 固定，M_2 可沿其法线方向移动。G 是 45°半反透镜，使与其法线成 45°角入射的光分束成为等振幅的反射光与透射光。由于 G 的反射，使在 M_2 附近形成 M_1 的一个虚像 M_1'，因此光束 1 和光束 2 的干涉等效于由 M_2 和 M_1' 之间的空气薄膜与半反透镜玻璃产生的干涉。当调节 M_1、M_2 与 G 使 M_1 与 M_2 相互精确地垂直，并使光程差小于相干长度，在屏幕上就可观察到圆形的等倾干涉条纹，如图 3-6 所示。如果 M_1 与 M_2 偏离了相互垂直的方向，这时两镜间形成了一个劈尖，在屏幕上观察到的是等厚干涉条纹，如图 3-7 所示。

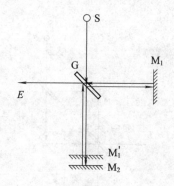

图 3-5　迈克尔逊干涉仪光路图

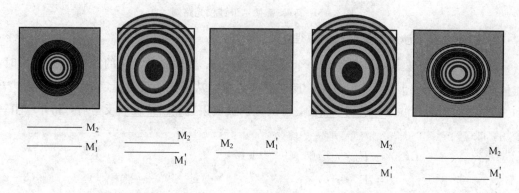

图 3-6　等倾干涉条纹

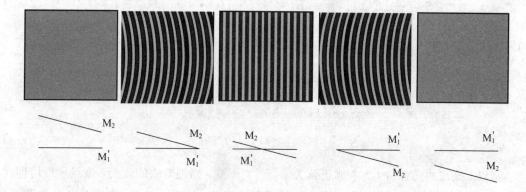

图 3-7　等厚干涉条纹

迈克尔逊干涉仪产生干涉的形成条件与条纹特点不仅与 M_1、M_2 的相对位置有关，而且与所用光源有关。半导体激光器是一个相干性很好的点光源，经 M_1、M_2 反射后的相干光束相当于两个虚点光源，由这两个虚点光源发出的球面波在空间处处相干，这种干涉称为非定域干涉，即在两束光相遇的空间内均能用观察屏接收到干涉图像。

2. 马赫-曾德尔干涉仪的结构原理

如图 3-8 所示，M_1 和 M_2 是平面反射镜，G_1 和 G_2 是 45° 半反透镜，平面反射镜和半反透镜互相平行放置，使干涉仪的光路构成一个平行四边形。从光源发出的光经 G_1 分为等振幅的两束光，分别经过平面镜 M_1 和 M_2 的反射，两束光波一起经过半反透镜 G_2，便可在两个区域产生干涉。

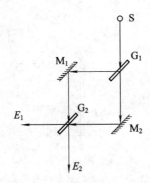

图 3-8　马赫-曾德尔干涉仪光路图

3. 迈克尔逊干涉仪测量波长的原理

当一均匀平面波 $E_0 \mathrm{e}^{-\mathrm{j}kz}$ 入射到一个反射系数为 r、传输系数为 t 的波束分裂器上时，能量守恒要求 $1 - |r|^2 = |t|^2$。接着，反射波和传输波从理想的反射镜反射，分别经过 $2l_1$ 和 $2l_2$ 距离后返回到波束分裂器。然后，再次分别被波束分裂器传输和反射后，和并产生一个场，即

$$
\begin{aligned}
E(x) &= E_0 \cdot r \cdot t(\mathrm{e}^{-\mathrm{j}k(x+2l_1)} + \mathrm{e}^{-\mathrm{j}k(x+2l_2)}) \\
&= E_0 \cdot r \cdot t \cdot \mathrm{e}^{-\mathrm{j}kx} \cdot \mathrm{e}^{-\mathrm{j}k(l_2+l_1)} \cdot (\mathrm{e}^{\mathrm{j}k(l_2-l_1)} + \mathrm{e}^{-\mathrm{j}k(l_2-l_1)})
\end{aligned}
\tag{3-2}
$$

在 x 方向上某一点的强度则为

$$
S = \frac{1}{2\eta}|E(x)|^2 = \frac{1}{2\eta}E_0^2 \cdot |r|^2 \cdot |t|^2 \cdot 4\cos^2 k(l_2 - l_1)
\tag{3-3}
$$

如果波束分裂器将能量分为 50∶50，$|r|^2 = |t|^2 = \frac{1}{2}$，则

$$
\begin{aligned}
S = \frac{1}{2\eta}|E(x)|^2 &= \frac{1}{2\eta}E_0^2 \cdot \cos^2 k(l_2 - l_1) \\
&= S_0 \cos^2 k(l_2 - l_1) \\
&= S_0 \frac{1}{2}[1 + \cos 2k(l_2 - l_1)]
\end{aligned}
\tag{3-4}
$$

所以，该点的光强与 $l_2 - l_1$ 成正弦关系，若 l_1 不变，则随着 l_2 的改变，该点呈现周期性的明暗变化。等倾干涉时，则表现为条纹的冒出或缩进；等厚干涉时，表现为条纹的移动。缩入、冒出或移动的条纹数 N、移动距离 Δd 与波长 λ 的关系为

$$\lambda = \frac{2\Delta d}{N} \qquad (3-5)$$

4. 迈克尔逊干涉仪测量钠黄光双谱线波长差的原理

由于钠黄光包含双谱线，设其波长分别为 $\bar{\lambda}+\frac{\Delta\lambda}{2}$ 和 $\bar{\lambda}-\frac{\Delta\lambda}{2}$，其中 $\bar{\lambda}$ 为平均波长，则当

$l_2-l_1=m\dfrac{\bar{\lambda}+\dfrac{\Delta\lambda}{2}}{2}$ 和 $l_2-l_1=n\dfrac{\bar{\lambda}-\dfrac{\Delta\lambda}{2}}{2}$ 时，条纹对比度最高；$l_2-l_1=m\dfrac{\bar{\lambda}+\dfrac{\Delta\lambda}{2}}{2}+\dfrac{\bar{\lambda}+\dfrac{\Delta\lambda}{2}}{4}$ 和

$l_2-l_1=n\dfrac{\bar{\lambda}-\dfrac{\Delta\lambda}{2}}{2}+\dfrac{\bar{\lambda}-\dfrac{\Delta\lambda}{2}}{4}$ 时，条纹对比度为零。若开始时条纹对比度为零，移动一面反射镜，使条纹对比度逐渐增大，而后再减小到零，位移量为 Δd，则有

$$(m-1)\left(\frac{\bar{\lambda}+\dfrac{\lambda}{2}}{2}\right)+\frac{\bar{\lambda}+\dfrac{\Delta\lambda}{2}}{4}=m\left(\frac{\bar{\lambda}-\dfrac{\lambda}{2}}{2}\right)+\frac{\bar{\lambda}-\dfrac{\Delta\lambda}{2}}{4} \qquad (3-6)$$

又因 $m=\dfrac{2\Delta d}{N}$，由此得波长差为

$$\Delta\lambda = \frac{\bar{\lambda}^2}{2\Delta d} \qquad (3-7)$$

5. 迈克尔逊干涉仪测量计算透明介质折射率的原理

取一透明介质平板放置在半反透镜与一反射镜之间，当介质平板旋转时，通过介质的光路长度 $d_s(\theta)$ 和通过空气的光路长度 $d_a(\theta)$ 会产生变化，设空气的折射率为 n_a，透明介质的折射率为 n_s，此时光路长度变化和条纹移动计数的关系为

$$N = \frac{2n_a d_a(\theta)+2n_s d_s(\theta)}{\lambda_0} \qquad (3-8)$$

开始时使介质平板的法线平行于入射光束，设介质平板的厚度为 t，经过推导，得到该介质的折射率为

$$n_s = \frac{(2t-N\lambda_0)(1-\cos\theta)}{2t(1-\cos\theta)-N\lambda_0} \qquad (3-9)$$

6. 迈克尔逊干涉仪测量计算空气折射率的原理

将气室放置在半反透镜与一反射镜之间，光在气室中的光程会随着气室内气体密度的改变而改变，由于在迈克尔逊干涉仪中光来回两次通过气室，可以设初始气室有 $N_i=2d/\lambda_i$ 个波长的长度，压强变化后，$N_f=2d/\lambda_f$ 个波长的长度等于气室的长度，其差 $N=N_i-N_f$ 正是对气室抽取空气时条纹的计数，因此有

$$N = \frac{2d}{\lambda_i} - \frac{2d}{\lambda_f} \qquad (3-10)$$

式中，$\lambda_i=\lambda_0/n_i$，$\lambda_f=\lambda_0/n_f$，其中 n_i 和 n_f 为气室内空气的初始折射率和最终折射率，因此 $N=2d(n_i-n_f)/\lambda_0$，设初始空气压强为 P_i，最终空气压强为 P_f，气室长度为 s，则 n 随压强变化的直线的斜率为

$$\frac{n_i - n_f}{P_i - P_f} = \frac{N\lambda_0}{2s(P_i - P_f)} \tag{3-11}$$

由此即可推算出不同大气压强下空气的折射率。

7. 马赫-曾德尔干涉仪测量计算透明介质折射率和空气折射率的原理

马赫-曾德尔干涉仪的测量原理与迈克尔逊干涉仪大致相同，只是光在待测介质中仅经过一次，所以对于透明介质的折射率有

$$n_s = \frac{(t - N\lambda_0)(1 - \cos\theta)}{t(1 - \cos\theta) - N\lambda_0} \tag{3-12}$$

对于空气的折射率有

$$\frac{n_i - n_f}{P_i - P_f} = \frac{N\lambda_0}{s(P_i - P_f)} \tag{3-13}$$

【实验内容】

1. 迈克尔逊干涉实验光路的搭建与调整

按照图 3-9 在光学平台上搭建迈克尔逊干涉实验光路，光源先使用半导体激光器，尽量使两反射镜与半反透镜的距离相接近，粗调反射镜以及半反透镜的角度与位置使两束反射光经过半反透镜后都能照射在观察屏上，将准直片放置在半反透镜与观察屏之间，使观察屏上能够看到两个十字线，细调反射镜的三维调整螺丝，使两个十字线重合，这时应该能够在观察屏上看到干涉条纹，继续微调反射镜，使等倾干涉条纹的圆心出现在干涉图像的中心。此时，稍稍偏转一个反射镜的角度，便能观察到等厚干涉条纹。将半导体激光器换成钠灯，去掉观察屏，若光程差不大，向半反透镜望去便能观察到钠灯的干涉条纹。然后，去掉准直镜，将成像透镜与 CCD 摄像头放置在干涉区域，如图 3-10 所示。调整成像透镜的位置与 CCD 的焦距、光圈等，使监视器上出现清晰的干涉条纹且等倾干涉条纹的圆心在监视器屏幕的中间位置。

图 3-9 迈克尔逊干涉仪实验装置图

半导体激光器

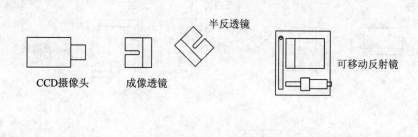

CCD摄像头　　成像透镜　　半反透镜　　可移动反射镜

固定反射镜

图 3-10　迈克尔逊干涉仪 CCD 成像装置图

2. 利用迈克尔逊干涉仪测量激光与钠灯的波长

将可移动反射镜的螺杆旋至 10 mm 左右，记录螺杆上的初始读数 D_1，旋转螺杆使监视器上的干涉条纹冒出或缩进，记录干涉条纹冒出或缩进的数量 N（一般计数 N 不要小于 200）以及螺杆上最终读数 D_2，由于传动系统中使用了一根 10∶1 的杠杆，所以实际反射镜移动的距离 $\Delta d = \dfrac{|D_1 - D_2|}{10}$，由式（3-5）即可计算出激光的波长。

3. 迈克尔逊干涉仪测量钠黄光双谱线的波长差

以钠灯作为光源，调整至能够清晰地看到干涉条纹，然后旋转可移动反射镜的螺杆使干涉条纹对比度变为零，记录螺杆的读数 D_1，继续旋转螺杆使干涉条纹对比度变为零，记录螺杆的读数 D_2，实际反射镜移动的距离 $\Delta d = \dfrac{|D_1 - D_2|}{10}$，已知钠灯平均波长 $\bar{\lambda} = 589.3$ nm，由式（3-7）可以算得钠黄光双谱线波长差 $\Delta\lambda$，可进行多次测量求平均值。

4. 迈克尔逊干涉仪测量有机玻璃的折射率

将透明介质样品台放置于半反透镜与一反射镜之间，样品台上固定一块有机玻璃板，使光路经过有机玻璃板，微调反射镜的角度使监视器上干涉条纹的圆心依旧在其中心位置，如图 3-11 所示。调整样品台侧面的螺杆，即旋转有机玻璃板的角度，当螺杆无论向哪个方向旋转，干涉条纹均为冒出状态或均为缩进状态时，有机玻璃板的法线即与入射光垂直，记录此时螺杆的读数 D_1，然后旋转螺杆，记录干涉条纹冒出或缩进的数量 N（一般计数 N 不要小于 100），以及螺杆上最终的读数 D_2。螺杆的直线位移在一定角度范围内与样品旋转的角度成正比例关系，该定标系数约为 0.31 mm/度，也可自行进行定标。由 $|D_1 - D_2|$ 计算出角度后，再测量出有机玻璃板的厚度 t，利用式（3-9）即可计算出有机玻璃的折射率。

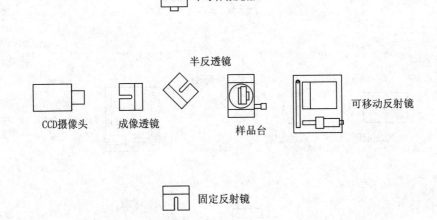

図 3-11 迈克尔逊干涉仪测量有机玻璃的折射率装置图

5. 迈克尔逊干涉仪测量空气的折射率

将气室放置于半反透镜与一反射镜之间，使光束穿过气室且气室两透光面与光路垂直，微调反射镜的角度使监视器上干涉条纹的圆心依旧在其中心位置。用手持抽气泵放气至其气压表读数为零，然后缓慢压紧抽气泵手柄，使监视器上干涉条纹总共冒出或缩进 N_1 圈，记录气压表读数 P_1；继续压紧手柄，使监视器上干涉条纹总共冒出或缩进 N_2 圈，记录气压表读数 P_2，依此类推，得到若干组 (N_a, P_a)，做出 N-P 关系图并进行线性拟合。由拟合的直线可推算出当 $P=76$ mmHg 时 N 的值，此时 n_i 为一个大气压强下空气的折射率，n_f 为真空折射率 1，根据式（3-11）即可算得 n_i。

6. 马赫-曾德尔干涉实验

马赫-曾德尔干涉实验光路如图 3-8 所示，其调整方式与迈克尔逊干涉实验大致相同，在半反透镜 G_2 出射的两个区域都能够产生干涉现象，因此可以将观察屏和成像透镜、CCD 摄像头分别放置在两个区域同时进行观察。

3.4　利用不同方法研究金属的线胀系数

【**实验简介**】

线胀系数是很多工程技术中选择材料的一个重要的技术指标，它是从事热工机械、建筑工程设计、通信工程安装及各种新型复合材料研制等工作的科技人员经常要参考和测量的重要物理参数。线胀系数是为了表征物体受热时，其长度方向变化的程度而引入的物理量。

一般固体在温度升高时，体积或长度将发生变化，这就是固体的热膨胀现象。这种特性是工程结构设计、机械和仪表制造、材料加工中要加以考虑的因素。固体的线膨胀是指固体受热时在一维方向上的伸长。实验表明，在温度变化不大范围内，原长为 L_0 的物体，受热后其伸长量 ΔL 与其原长 L_0 成正比，和温度的增加量 Δt 也近似成正比：

$$\Delta L = \alpha L_0(t_2 - t_1)$$

式中，α 为线膨胀系数，它表示当温度升高 1℃时固体的相对伸长量。由上式可得

$$\alpha = \frac{\Delta L}{L_0(t_2 - t_1)} \qquad (3-14)$$

不同材料的线胀系数不同，塑料的线胀系数最大，金属次之，石英玻璃线胀系数很小。线胀系数是选用材料的一项重要指标。表 3-1 中列出了几种物质的线胀系数值，对应有一个温度范围。实验指出，同一材料在不同温度区域，其线胀系数不一定相同。但在温度变化不大的范围内，线胀系数近似可看做常数。

由式(3-14)可知，通过测量被测材料在 t_1 温度时的长度 L_0，以及温度到达 t_2 时材料的绝对伸长量 ΔL，可以间接求出被测材料在这一温度区域内的线胀系数 α。

固体线胀系数 $\alpha = 10^{-6}(1/℃)$ 数量级，在实验室中不可能把被测杆做得很长，所以在不大的温度变化范围内，ΔL 是一个极微小的变化量，用常规长度测量仪器难以测准，本实验中采用光杠杆镜尺系统将其放大测量。设光杠杆长度为 b、光杠杆到标尺距离为 D，那么被测管伸长量 ΔL 和从望远镜中读出的标尺读数变化值$(x_2 - x_1)$之间有如下关系

$$\Delta L = \frac{b(x_2 - x_1)}{2D}$$

由此可知，本实验测出了 t_1、t_2、L_0、b、D、x_1、x_2，利用下式即可求出被测杆的线胀系数：

$$\alpha = \frac{b|x_2 - x_1|}{2L_0 D(t_2 - t_1)}$$

表 3-1　几种材料的线胀系数(参考值)

材料	铝	铜	铂	普通玻璃	石英玻璃	瓷器
$\alpha(\times 10^{-6}/℃)$	23.8	17.1	9.1	9.5	0.5	3.4~4.1
温度范围/℃		0~100			20~200	20~700

【实验内容】

目前在普通物理实验中测量长度微小变化量的方法有很多，例如光杠杆法、激光杠杆法、利用劈尖干涉原理测量、利用迈克尔逊干涉仪测量、用千分表测量、用螺旋测微原理测量法等。这些方法可以归纳为：利用杠杆原理测量、利用干涉原理测量和利用螺旋测微原理直接测量三类，下面就介绍这几类实验方法。

1. 利用杠杆原理测量

1) 光杠杆法

电热式线膨胀测试仪为立式结构(见图 3-12)，主体是外径为 140 mm 的加热筒，筒上端连接工作平台，平台上有一条沟槽，用于放置光杠杆的前足刀口。加热筒中间有细管孔，被测金属细管插入孔中，当加热筒接通电源，夹层中的加热电阻使筒内壁升温从而使被测管加热。将水银温度计插入被测管孔中，就可测量被测管的温度。把光杠杆放置于平台上，前足刀口嵌入沟槽，后足尖端放在被测管上端面，在光杠杆镜面正前方放置望远镜镜尺装置。被测管受热伸长，上端面顶起光杠杆后足而使镜面偏转，从而可从望远镜中标尺读数变化测算出被测管的伸长量。

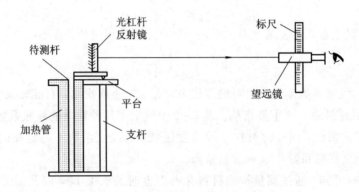

图 3 - 12 测定金属线膨胀系数装置示意图

加热筒的加热电压在 90～220 V 范围内可调，调压旋钮安装在仪器底座平台上，同侧装有电源开关和指示灯。

注意：调压旋钮顺时针方向为电压增加。

测量望远镜（以及显微镜）中总要安装十字准线作为调节和读数的标志。十字准线刻画在分划板上，分划板安装在目镜前方。十字准线的水平横线可以作为读取竖直标尺像上示值的读数标志。为了能测出望远镜标尺与平面反射镜之间的距离 D，分划板上在十字准线的水平横线上下对称位置上还划有两条水平短线，称为视距丝。设两条短横线的标尺读数分别是 n_1 和 n_2，则标尺与其像的间距为

$$2D = |n_1 - n_2| \times 100$$

式中，100 是 JCW - 1 型标尺望远镜的视距常数。由此可计算标尺与反射镜之间距 D。

2）激光杠杆法

激光杠杆法是对光杠杆法的一种改进，用激光器代替三角支架上的平面镜组成一个激光杠杆，如图 3 - 13 所示。当温度为 t_1 时，激光点直接照射到刻度尺的 d_1 刻度线上；当温度升到 t_2 时，金属棒受热伸长了 ΔL，激光光杠杆的主杆尖脚随金属棒上升，使激光器转过一角度 θ，此时激光点照射到刻度尺的 d_2 刻度线上，于是 $\Delta d = d_2 - d_1$。

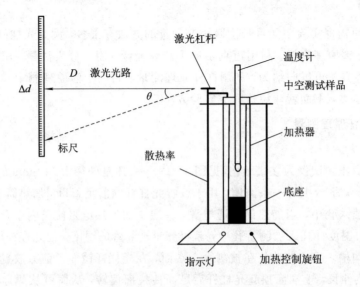

图 3 - 13 激光杠杆法

从图 3 - 13 可知

$$\tan\theta = \frac{\Delta L}{h} = \frac{\Delta d}{D} \qquad (3-15)$$

式中：h 为激光杠杆主杆尖脚到前面两脚连线的距离；D 为刻度尺平面到激光器的距离；Δd 为从激光点两次照射刻度尺上的刻度之差。由式(3-15)可得

$$\Delta L = \frac{h}{D}\Delta d \qquad (3-16)$$

可见激光杠杆的作用就是将微小的变化量 ΔL 放大为标尺上的位移 Δd，放大了 $\frac{D}{h}$ 倍。

将式(3-16)代入式(3-14)，即得金属线胀系数为

$$\alpha = \frac{h\Delta d}{DL(t_2 - t_1)} = \frac{h(d_2 - d_1)}{DL(t_2 - t_1)}$$

2. 利用干涉原理测量

1）利用劈尖干涉原理测量

当温度升高时，金属杆受热膨胀伸长了 ΔL，它将顶起上玻璃板，两光学玻璃板张开一角度，形成空气劈尖。单色光通过显微镜下的半反射镜反射，垂直照射到劈尖上，在空气劈尖上、下玻璃板表面反射的两束光会发生干涉，在显微镜视场内将看到一组与劈棱（两玻璃板的交界线）平行且间隔相等的等厚干涉条纹，即可计算出与 k 级暗条纹相对应的空气厚度。

$$\Delta L = \frac{dk\lambda}{2S} \qquad (3-17)$$

式中：λ 为单色光的波长；d 为上玻璃板长度；S 为条纹间距；k 为条纹数。于是

$$\alpha = \frac{dk\lambda}{2SL(t_2 - t_1)}$$

式中：L 为金属杆的原长；$(t_2 - t_1)$ 是温度升高时的温差。原理图如图 3 - 14 所示。

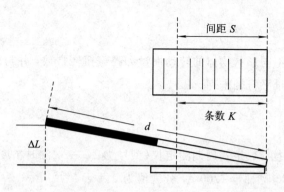

图 3 - 14　利用劈尖干涉原理测金属线胀系数原理图

2）利用迈克尔逊干涉原理测量

升温前观察屏上的干涉条纹。升温后两束相干光的光程差改变，干涉条纹产生移动。假设温度由 t_1 升高到 t_2 时干涉条纹发生 N 个环的变化，则

$$\Delta L = \frac{N\lambda}{2} \qquad\qquad (3-18)$$

式中，λ 为单色光的波长。把式 $(3-18)$ 代入式 $(3-14)$ 得

$$\alpha = \frac{N\lambda}{2L(t_2 - t_1)}$$

式中，L 为金属杆的原长。

3.5 利用不同方法研究物体的转动惯量

【实验简介】

转动惯量（Moment of Inertia）是刚体绕轴转动时惯性（回转物体保持其匀速圆周运动或静止的特性）的量度。在经典力学中，转动惯量（又称质量惯性矩，简称惯距）通常以 I 或 J 表示，SI 单位为 kg·m²。对于一个质点，

$$I = mr^2$$

式中：m 为其质量；r 为质点和转轴的垂直距离。

转动惯量在旋转动力学中的角色相当于线性动力学中的质量，可形式地理解为一个物体对于旋转运动的惯性，用于建立角动量、角速度、力矩和角加速度等数个量之间的关系。

实际情况下，不规则刚体的转动惯量往往难以精确计算，需要通过实验测定。

测定刚体转动惯量的方法有很多，常用的有扭摆、三线摆、复摆等，这里主要介绍扭摆法与三线摆法。

方法一 用扭摆法测物体的转动惯量

【实验目的】

（1）用扭摆测定不同形状物体的转动惯量和弹簧扭转常数，并与理论值进行比较。

（2）验证转动惯量平行轴定理。

【实验仪器】

实验仪器包括扭摆、数字式周期测定仪（型号为 ZG-2，测时精度为 0.01 秒）和数字式电子秤（型号为 YP1200，秤量 1200 g，分度值为 0.1 g）。

【实验原理】

扭摆的构造如图 3-15 所示，在其垂直轴 1 上装有一根薄片状的螺旋弹簧 2，用以产生恢复力矩。在轴的上方可以装上各种待测物体。垂直轴与支座间装有轴承，使摩擦力矩尽可能降低。

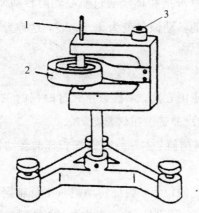

1—垂直轴；　2—螺旋弹簧；　3—水平仪

图 3-15　扭摆构造

将物体在水平面内转过一个角度 θ 后，在弹簧的恢复力矩作用下，物体就开始绕垂直轴做往返扭转运动。根据胡克定律，弹簧受扭转而产生的恢复力矩 M 与所转过的角度成正比，即

$$M = -K\theta \qquad (3-19)$$

式中，K 为弹簧的扭转常数。根据转动定律

$$M = I\beta$$

式中：I 为物体绕转轴的转动惯量；β 为角加速度。由上式得

$$\beta = \frac{M}{I} \qquad (3-20)$$

令 $\omega^2 = \dfrac{K}{I}$，且忽略轴承的摩擦阻力矩，由式(3-19)与式(3-20)得

$$\beta = \frac{\mathrm{d}^2\theta}{\mathrm{d}t^2} = -\frac{K}{I}\theta = -\omega^2\theta$$

上述方程表示扭摆运动具有角简谐振动的特性：角加速度与角位移成正比，且方向相反。此方程的解为

$$\theta = A\cos(\omega t + \varphi)$$

式中：A 为谐振动的角振幅；φ 为初相位角；ω 为角速度。此谐振动的周期为

$$T = \frac{2\pi}{\omega} = 2\pi\sqrt{\frac{I}{K}} \qquad (3-21)$$

利用式(3-21)测得扭摆的摆动周期后，已知 I 和 K 中任何一个量时即可计算出另一个量。

本实验用一个几何形状有规则的物体，它的转动惯量可以根据它的质量和几何尺寸用理论公式直接计算得到。再算出本仪器弹簧的 K 值。若要测定其他形状物体的转动惯量，只需将待测物体安放在本仪器顶部的各种夹具上，测定其摆动周期，由式(3-16)即可算出该物体绕转动轴的转动惯量。

理论分析证明，若质量为 m 的物体绕通过质心轴的转动惯量为 I_0 时，当转轴平行移动距离为 x 时，物体对新轴线的转动惯量变为 $I_0 + mx^2$，这称为转动惯量的平行轴定理。

【实验内容】

(1) 熟悉扭摆的构造和使用方法，掌握数字式计时仪的正确使用要领。

(2) 测定扭摆的仪器常数（弹簧的扭转常数）K。

(3) 测定塑料圆柱、金属圆筒、木球与金属细长杆的转动惯量，并与理论计算值比较，求百分差。

(4) 改变滑块在细长杆上的位置，验证转动惯量平行轴定理。

将数据填入数据记录表（自行设计）中。表中的内容应包括金属载物盘、塑料圆柱、金属圆筒、木球和金属细杆的质量、几何尺寸与摆动周期，并计算出转动惯量的理论值、实验值和百分误差。

【思考题】

(1) 弹簧的扭转常数 K 是不是固定常数？为什么要求摆角在 $90°\sim40°$ 之间？

(2) 为何在称衡金属细长杆与木球的质量时，必须将支架取下？

(3) 在验证转动平行轴定理时，两个滑块可以不对称放置吗？

方法二　用三线摆测定物体的转动惯量

三线摆是通过扭转运动测定物体的转动惯量的，其特点是物理图像清楚、操作简便易行、适合各种形状的物体，如机械零件、电机转子、枪炮弹丸、电风扇的风叶等的转动惯量都可用三线摆测定。这种实验方法在理论和技术上有一定的实际意义。

【实验目的】

(1) 学会用三线扭摆法测定物体的转动惯量。

(2) 验证转动惯量的移轴定理。

【实验仪器】

三线摆、物理天平、水平仪、MS-6 数字计时仪、游标尺、米尺、圆环和圆柱体。

【预习提示】

(1) 用三线扭摆测定物体的转动惯量时，为什么要求悬盘水平，而且摆角要小？

(2) 三线扭摆放上待测物后，它的转动周期是否一定要比空盘转动周期大？为什么？

(3) 测圆环的转动惯量时，把圆环放在悬盘的同心位置上。若转轴放偏了，测出的结果是偏大还是偏小？为什么？

【实验原理】

1. 测定悬盘绕中心轴的转动惯量 J

三线摆如图 3-16 所示，有一均匀圆盘，在小于其周界的同心圆周上作一个内接等边三角形，然后从三角形的三个顶点引出三条金属线，三条金属线同样对称地连接在置于上部的一个水平小圆盘的下面，小圆盘可以绕自身的垂直轴转动。当均匀圆盘（以下简称悬盘）水平，三线等长时，轻轻转动上部小圆盘，由于悬线的张力作用，悬盘即绕上下圆盘的中心连线轴 $O'O$ 周期地反复扭转运动。当悬盘离开平衡位置向某一方向转动到最大角位移时，整个悬盘的位置也随着升高 h。若取平衡位置的势能为零，则悬盘升高 h 时的动能等于零，而势能为

$$E_1 = mgh$$

式中：m 为悬盘的质量；g 为重力加速度。转动的悬盘在达到最大角位移后将向相反的方向转动，当它通过平衡位置时，其势能和平动动能为零，而转动动能为

$$E_2 = \frac{1}{2}J_0\omega_0^2$$

式中：J_0 为悬盘的转动惯量；ω_0 为悬盘通过平衡位置时的角速度。如果略去摩擦力的影响，根据机械能守恒定律，$E_1 = E_2$，即

$$mgh = \frac{1}{2}J_0\omega_0^2 \tag{3-22}$$

若悬盘转动角度很小，则悬盘的角位移与时间的关系可写成

$$\theta = \theta_0 \sin\frac{2\pi}{T}t$$

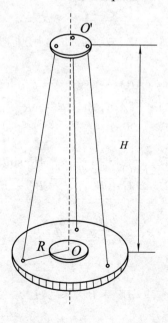

图 3-16　三线摆结构示意图

式中：θ 为悬盘在时刻 t 的位移；θ_0 为悬盘的最大角位移即角振幅；T 为周期。

角速度 ω 是角位移 θ 对时间的一阶导数，即

$$\omega = \frac{\mathrm{d}\theta}{\mathrm{d}t} = \frac{2\pi\theta_0}{T}\cos\frac{2\pi}{T}t$$

在通过平衡位置的瞬时($t=0$、$T/2$、T 等)，角速度的绝对值为

$$\omega_0 = \frac{2\pi\theta_0}{T} \tag{3-23}$$

根据式(3-22)和式(3-23)得

$$mgh = \frac{1}{2}J_0\left(\frac{2\pi\theta_0}{T}\right)^2 \tag{3-24}$$

设 l 为悬线之长，R 为悬盘点到中心的距离，由图 3-17 可得

$$h = OO_1 = BC - BC_1 = \frac{(BC)^2 - (BC_1)^2}{BC + BC_1}$$

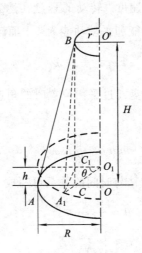

图 3-17   三线摆测量原理分析图

因为

$$(BC)^2 = (AB)^2 - (AC)^2 = l^2 - (R-r)^2$$
$$(BC_1)^2 = (A_1B)^2 - (A_1C_1)^2 = l^2 - (R^2 + r^2 - 2Rr\cos\theta_0)$$

得

$$h = \frac{2Rr(1-\cos\theta_0)}{BC + BC_1} = \frac{4Rr\sin^2\dfrac{\theta_0}{2}}{BC + BC_1}$$

当偏转角很小时，

$$\sin\frac{\theta_0}{2} \approx \frac{\theta_0}{2}$$

而

$$BC + BC_1 \approx 2H$$

所以

$$h = \frac{Rr\theta_0{}^2}{2H} \tag{3-25}$$

将式(3-25)代入式(3-24)得

$$J_0 = \frac{mgRr}{4\pi^2 H}T_1^2 \tag{3-26}$$

这是测定悬盘绕中心轴转动的转动惯量的计算公式。

2. 测定圆环绕中心轴的转动惯量 J

把质量为 M 的圆环放在悬盘上，使两者中心轴重合，组成一个系统。测得它们绕中心轴转动的周期为 T_1，则它们总的转动惯量为

$$J_1 = \frac{(m+M)gRr}{4\pi^2 H}T_1^2 \tag{3-27}$$

则圆环绕中心轴的转动惯量为

$$J = J_1 - J_0 \tag{3-28}$$

式(3-27)和式(3-28)是测定圆环绕中心轴的转动惯量的计算公式。

已知圆环绕中心轴转动惯量的理论计算公式为

$$J_{1理} = \frac{M}{2}(R_1^2 + R_2^2)$$

式中：R_1 为圆环外半径；R_2 为圆环内半径。

将实验结果与理论计算结果相比较，并计算测量误差。

3. 验证移轴定理

将两个质量都为 M'、半径为 R_x、形状完全相同的圆柱体对称地放置在悬盘上，柱体中心离悬盘中心的距离为 X。按上述方法测得两物体和悬盘绕中心轴的转动周期为 T_x，则两圆柱体绕中心轴的转动惯量为

$$2J_x = \frac{(m+2M')gRr}{4\pi^2 H}T_x^2 - J_0 \tag{3-29}$$

将式(3-29)所得的实验结果与理论上按移轴定理计算所得的结果进行比较，并计算测量误差。

理论值为

$$J_{2理} = M'X^2 + \frac{MR_x^2}{2}$$

【实验内容】

(1) 将水平仪置于悬盘上任意两悬线之间，调整三线摆上面的小圆盘边上的三个调整旋钮，改变三条悬线的长度，直至悬盘水平，并用固定螺钉将三个调整旋钮固定。

(2) 轻轻扭动上圆盘(最大转角控制在 5°以内)，使悬盘摆动，用数字计时仪测出悬盘摆动 50 次所需的时间，重复三次求平均值，从而求出悬盘的摆动周期 T，记录在表 3-2 中。

(3) 测圆环置于悬盘上，使两者中心轴线重合，按上述方法求出圆环与悬盘的共同振

动周期 T_1。

(4) 取下圆环，把质量和形状都相同的两个圆柱体对称地置于悬盘上，再按上述方法求出振动周期 T_x。

(5) 用游标尺分别量出小圆盘和悬盘三悬点之间的距离 a 和 b，各取其平均值，算出悬点到中心的距离 r 和 R（r 和 R 分别为以 a 和 b 为边长的等边三角形外接圆的半径）。

(6) 用游标尺分别量出圆环的内直径和外直径为 $2R_1$、$2R_2$，圆柱体直径 $2R_x$ 及圆柱体中心至悬盘中心的距离 X，用米尺测出两圆盘之间的垂直距离 H，记录在表 3-3 中。

(7) 称出圆环的质量 M 和圆柱体的质量 M'（悬盘的质量 m 已标明在盘的底面上）。

(8) 计算测量误差。

表 3-2 摆动 50 次所需的时间

	悬　盘		悬盘加圆环		悬盘加两圆柱体	
摆动 50 次 所需的时间 t/s	1		1		1	
	2		2		2	
	3		3		3	
	平均		平均		平均	
周期 T/s	$T=$		$T_1=$		$T_x=$	

表 3-3 圆盘、圆环、圆柱体的相关数据

项目 次数	上圆盘悬孔间的距离 a/cm	悬盘悬孔间的距离 b/cm	圆环		圆柱体直径 $2R_x/cm$
			外直径 $2R_1/cm$	内直径 $2R_2/cm$	
1					
2					
3					
平均					

$r=\dfrac{\sqrt{3}}{3}a=$ _____ (cm)；$R=\dfrac{\sqrt{3}}{3}b=$ _____ (cm)；两圆盘之间的垂直距离 $H=$ _____ (cm)；圆柱体中心至悬盘中心的距离 $X=$ _____ (cm)；悬盘质量 $m=$ _____ (kg)；圆环质量 $M=$ _____ (kg)；圆柱体 $M'=$ _____ (kg)；$E_1=\dfrac{|J_{1理}-J|}{J_{1理}}=$ _____ %；$E_2=\dfrac{|J_{2理}-2J_x|}{J_{2理}}=$ _____ %。

（1）如何利用三线扭摆测定任意形状的物体绕特定轴转动的转动惯量？

（2）如果下悬盘在扭转摆动时有晃动现象，对周期的测量有何影响？

（3）实验值的误差主要来源于哪些物理量？

（4）为了减少系统误差，你认为应如何改变现有方案与设备，请提出新的实验方案。

3.6 全息干板

【趣味知识】

全息术（holography）又称全息照相术，指在照相胶片或干板上通过记录光波的振幅和位相分布并再现物体三维图像的技术，又称全息照相术、全息摄影术。全息术不仅可用于光波波段，也可用于电子波、声波、X射线和微波。普通照相只能记录物体反射或透射光的振幅（强度），所以记录的是物体的二维图像。全息术不仅可以记录光的振幅，还可记录其位相，故能记录物体的深度信息。"全息"来自希腊词语"holos"，含意为完全的信息——不仅包括光的振幅信息，还包括位相信息。

现今全息术在科技、文化、工业、农业、医药、艺术、商业等领域都获得了一定程度的应用。全息术的应用主要有以下几方面。

1. 全息显示

全息术的最大特点是能够再现出与物体十分逼真的三维像。利用红、绿、蓝三种波长激光依次在一张记录干板上记录物体的三基色反射全息图，可用白光再现真彩色的物体三维像。

2. 全息显微

普通显微镜由于焦深很小，工作距离又小，不能观察一些较深的细微结构。全息术的三维体积成像可实现超焦深显微术，只要相干激光能照射到结构深处，就可拍摄全息图。

3. 全息存储

采用傅里叶变换全息图可实现文字、图像等信息的大容量高密度信息存储。由于它是以页面的方式存储和显示，可高速率地并行记录和读出。利用体全息图再现时对入射光的角度、波长十分敏感的特点，可用不同角度的参考光或不同波长记录光，在介质的同一体积处记录多重全息图，每一幅全息图都可在适当条件下分别读出。

4. 全息干涉计量

物光的波前包含着物体的完整信息。全息术可记录并再现波前，可对物体变形前后产生的两个波前相比较而实现干涉计量。普通干涉只能测量抛光的透明物体或反射面，全息干涉可测量透明或不透明的物体，甚至三维的漫反射表面。

【实验简介】

全息的意义是记录物光波的全部信息。自从20世纪60年代激光出现以来得到了全面的发展和广泛的应用。全息术包含全息照相和全息干涉计量两大内容。

全息照相的种类很多，按一定分类法有：同轴全息图、离轴全息图、菲涅耳全息图和傅里叶变换全息图等。

【实验内容】

本实验主要包括两项基本全息照相实验：

（1）全息光栅：可以看成基元全息图，当参考光波和物光波都是点光源且与全息干板对称放置时可以在干板上形成平行直条纹图形，采用线性曝光可以得到正弦振幅型全息光栅。

（2）三维全息：通过干涉将漫反射物体的三维信息记录在全息干板上，再通过原光路衍射得到与原物体完全相似的物光波。

本实验的意义是让学生通过这两个实验，掌握全息照相的基本技术，更深刻地认识光相干条件的物理意义，初步了解全息术的基本理论。

【实验重点】

（1）使学生学会全息照相的干涉记录和衍射再现的技术手段。

（2）使学生较深刻地理解全息照相的本质。

（3）使学生了解全息照相的应用。

【实验难点】

（1）拍摄高质量全息图的技术关键。

（2）全息图的衍射效率。

【思考题】

（1）用细激光束垂直照射拍好的全息光栅，如能在垂直的白墙上看到五个亮点，则说明什么问题？

（2）如果想拍摄一个 100 线/mm 的全息光栅应如何布置光路？

（3）怎样测量全息光栅的衍射效率？

（4）为什么拍摄物体的三维全息图要求干板的分辨率在 1500 线/mm 以上？

3.7 温差发电实验

【趣味知识】

美国旧金山大学的一位科学家在 2003 年 1 月 30 日出版的英国《自然》杂志上报告说，他从鲨鱼鼻子的皮肤小孔里提取了一种与普通明胶相似的胶体，发现它对温度非常敏感，0.1℃ 的温度变化都会使它产生明显的电压变化。鲨鱼鼻子里的这种胶体能把海水温度的变化转换成电信号，传送给神经细胞，使鲨鱼能够感知细微的温度变化，从而准确地找到食物。科学家猜测，其他动物体内也可能存在类似的胶体。这种因温差而产生电流的性质与半导体材料的热电效应类似。人工合成这种胶体，有望在微电子工业领域获得应用。

温差发电在军事与航天、远离城市的边远地区及海上作业平台等特殊的场合的运用已得到高度重视。

目前温差发电的效率还很低，但作为一种对环境友好的节能技术，它将在人类 21 世纪新能源技术方面发挥十分重要的价值。

【实验原理】

温差发电的原理如图 3-18 所示，将两种不同类型的热电转换材料 N 和 P 的一端结合并将其置于高温环境，另一端置于低温环境。由于高温端的热激发作用较强，此端的空穴和电子浓度比低温端高，在这种载流子浓度梯度的驱动下，空穴和电子向低温端扩散，从而在高、低温两端形成电势差。将许多对 P 型和 N 型热电转换材料连接起来组成模块，就可得到足够高的电压，形成一个温差发电机。

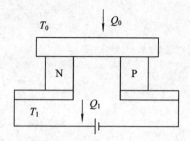

图 3-18 温差发电的原理图

温差发电主要由导热金属架、半导体制冷芯片、微型电机等材料组成。其中半导体制冷芯片，不仅具有 N 型和 P 型半导体特性，而且根据需要掺入杂质可改变半导体的温差电动率、导电率和导热率。目前国内大多数厂家常用的材料是以碲化铋为基体的三元固溶体合金，其中 P 型是 $Bi_2Te_3-Sb_2Te_3$，N 型是 $Bi_2Te_3-Bi_2Se_3$，采取垂直区熔法提取晶体材料。当一块 N 型半导体材料与一块 P 型半导体材料联结成电偶对时，其吸热、放热的大小取决于电流的大小及半导体材料 N、P 的元件对数。半导体制冷芯片的反向使用就是温差发电，它一般采用中低温区发电（低温一般为 20℃，高温为 95℃）。

导热金属架需要采用导热性强的黄铜板，其尺寸为 3 mm×60 mm×270 mm，将铜板长度的 $\frac{3}{5}$ 位置弯成一定的弧度，约 23°，斜面长为 70 mm，再弯一个直角，在黄铜板边缘 10 mm、90 mm 中心轴上钻两个直径为 4 mm 的小孔，上孔安装微型电机，下孔起固定作用。

安装时，需要在半导体制冷芯片及接触黄铜板涂上一些导热硅脂，使它们受热快且均匀，将两块黄铜板对称安装成为温差发电装置。需要发电时，将两块金属板分别放在热水和冷水中。由于两边金属板温度有高低，温度高的金属片的自由电子比温度低的金属片自由电子动能大，自由电子便从高温处向低温处扩散，在低温处堆积起来，因此，在导体内形成电场，在两个金属片之间形成电势差，从而驱使电机运行，实现了热能转化为电能、再转化为机械能的能量转化过程。

【实验内容】

将温差发电装置放在冷水杯与热水杯中，用数字温度计先测出冷水的温度，记录数据，再将数字温度计探针上的水珠擦干后放入热水中，每隔 30 s 测一次热水的温度，及时记录数据；其次，将数字电压表调到直流挡，将其表笔连接半导体的两接线处，同时测量半导体的输出电压，并记录其输出电压。记录测量出的热水水温与对应的电压值，也可将这些数据绘制成对应的坐标像。

3.8　计算机仿真实验

进入以下网站链接进行实验，共有 22 个物理仿真实验，老师可指导学生进行练习。
http://lab.usst.edu.cn/index.php?m=cms&q=view&id=327

参 考 文 献

[1] 陈泽民. 近代物理与高新技术物理基础[M]. 北京：清华大学出版社，2001.

[2] 李杉. 通过大学物理实验培养学生创新思维[J]. 经营管理者. 2014.

[3] 张俊玲. 大学物理实验中的创新设计方法及应用研究[J]. 大学物理实验. 2011(4).

[4] 顾新梅. 大学物理实验与创新思维能力培养[J]. 湖州师范学院学报. 2005(1).

[5] 代伟，杨晓晖. 落球法液体黏滞系数测定仪的改进[J]. 大学物理实验. 2006(6).

[6] 沈元华，陆申龙. 基础物理实验[M]. 北京：高等教育出版社，2003.

[7] 贾玉润，王公治，凌佩玲. 大学物理实验[M]. 上海：复旦大学出版社，1985.

[8] 梁路光，赵大源. 医用物理学[M]. 北京：高等教育出版社，2004.

[9] 陆申龙，马世红，冀敏. 医药类物理实验教育改革的探讨与实践[J]. 物理实验. 2005(12)：20-22.

[10] 郑中兴，腾永平. 超声检测技术[M]. 北京：北方交通大学出版社，1998.

[11] 施善定，黄嘉华. 液晶与显示应用[M]. 上海：华东化工学院出版社，1993.

[12] （日）松本正一，角田市良. 液晶的最新技术：物性·材料·应用[M]. 北京：化学工业出版社，1991.

[13] 谢毓章. 液晶物理学[M]. 北京：科学出版社，1988.

[14] 丁慎训，张孔时. 物理实验教程[M]. 北京：清华大学出版社，1992.

[15] 杨昌权. 大学物理实验创新设计[M]. 武汉：武汉理工大学出版社，2013.

[16] 杨昌权. 大学物理实验及创新设计[M]. 北京：科学出版社，2015.

[17] 张兆奎，缪连元，张立. 大学物理实验[M]. 北京：高等教育出版社，1990.

[18] 宋玉海，梁宝社. 大学物理实验[M]. 北京：北京理工大学出版社，2006.

[19] 姚启均. 光学教程[M]. 北京：高等教育出版社，2008.

[20] 潘笃武，贾玉润，陈善华. 光学[M]. 上海：复旦大学出版社，1997.